LES ANIMAUX-PLANTES.

ENTRETIENS FAMILIERS

SUR

L'HISTOIRE NATURELLE

DES ANIMAUX-PLANTES.

PAR

Mlle. ULLIAC TRÉMADEURE.

PARIS,

LIBRAIRIE D'ÉDUCATION DE DIDIER,

47, QUAI DES AUGUSTINS.

1838.

IMPRIMERIE DE A. HENRY,
8, rue Gît-le-Cœur.

BIBLIOTHÈQUE DES ENFANTS.

Collection de jolis Ouvrages pour l'Enfance et la Jeunesse.

Par Mesdames GUIZOT, TASTU, ULLIAC-TRÉMADEURE, L. BERNARD, E. VOÏART, WALDORD, MISS EDGE-WORTH, BERQUIN, SCHMIDT, etc.

40 vol. in-18 sont en vente.

NOTA. Ces jolis volumes sont imprimés avec soin sur beau papier, ornés de jolies vignettes gravées sur acier, d'un titre orné imprimé en couleur, et d'une jolie couverture ornée et gravée sur bois par Porro.

MADAME GUIZOT.

15 vol. in-18, adoptés par l'Université.

ARMAND, ou le petit Garçon indépendant, suivi d'autres jolis contes, 1 vol. avec vignettes.

AGLAÉ et LÉONTINE, ou les Tracasseries, 1 vol., fig.

CAROLINE, ou l'Effet d'un malheur, 1 vol., fig.

CÉCILE et NANETTE, ou la Voiture versée, 1 vol., fig.

CURÉ DE CHAVIGNAT (le), 1 vol., fig.

EDOUARD et EUGÉNIE, ou le Sac brodé et l'Habit neuf, 1 vol., fig.

ÉMILIE et LAURETTE, ou la grande Allée des Tuileries, 1 vol., fig.

EUDOXIE, ou l'Orgueil permis, 1 vol., fig.

HISTOIRE D'UN LOUIS D'OR, 1 v., fig.

JULES, ou le jeune Précepteur, 1 v. fig.

MARIE, ou la Fête-Dieu, 1 vol., fig.

LA MÈRE ET LA FILLE, 1 vol., fig.

NADIR, suivi de la bonne Conscience, 1 vol., fig.

LE PAUVRE JOSÉ, 1 vol., fig.

SCARAMOUCHE, suivi du Premier jour de collége, 1 vol., fig.

MADAME M. WALDOR.

4 vol. in-18.

LES PETITS COLLIBERTS, 1 vol., fig.

VICTOR, ou le Bazar des pauvres, 1 vol., fig.

NELLY, ou la Piété filiale, 1 vol., fig.

AUGUSTE, ou le Choix d'un état, 1 vol., fig.

Mlle. ULLIAC-TRÉMADEUR

21 vol. in-18.

LES QUADRUPÈDES, Entretiens familiers sur l'Histoire naturelle, 1 vol. orné de 4 jolies fig., 1838.

LES OISEAUX, etc., 1 v., 4 fig.

LES REPTILES ET LES POISSONS, etc., 1 vol., 4 fig.

LES COQUILLAGES, etc., 1 v., 4 fig.

LES INSECTES, etc., 1 vol., 4 fig.

LES ANIMAUX-PLANTES, 1 vol., 4 fig.

LES VÉGÉTAUX, etc., 1 v., 4 fig.

LES MINÉRAUX, etc., 1 v., 4 fig.

Ces huit volumes forment un petit *Cours d'Histoire naturelle*.

HISTOIRE DE JEAN-MARIE, ouvrage couronné, 1 vol. avec fig.

MANETTE, ou la Vache noire, conte sur l'Histoire naturelle, 1 v., fig.

JACQUOT, ou la Basse-Cour de ma tante, 1 vol., fig.

PYRAMIDE, ou le Cheval du laucier, 2 vol., fig.

LÉON, ou le jeune Graveur, 1 vol., fig.

VALÉRIE, ou la jeune Artiste, 1 v., fig.

PROSPER, ou le jeune Sculpteur, 1 vol., fig.

EMMELINE, ou la jeune Musicienne, 1 vol., fig.

GUSTAVE, ou le petit Jardinier, 1 vol., fig.

ADÈLE, ou la petite Fermière, 1 v., fig.

EUGÈNE, ou le petit Vigneron, 1 v., fig.

ADOLPHE, ou le petit Laboureur, 1 vol., fig.

LES
Animaux-Plantes.

—

Entretiens familiers

SUR L'HISTOIRE NATURELLE.

PAR

Mlle ULLIAC TRÉMADEURE.

LES ANIMAUX-PLANTES.

ENTRETIENS FAMILIERS

SUR

L'HISTOIRE NATURELLE.

CHAPITRE PREMIER.

Les zoophytes. — L'étoile de mer. — L'oursin. — Le ver de médine. — La crinoïde.

Comme tous les enfants peu raisonnables, Amédée et sa sœur avaient lu, jusqu'alors, avec beaucoup d'avidité, et sans réflexion, les livres dont leurs parents et les amis de la famille prenaient plaisir à garnir les rayons de leur petite bibliothèque. Tous deux n'aimaient que les ouvrages *amusants* , c'est-à-dire les contes , les historiettes ; tout le reste était simplement parcouru en sautant d'alinéas en alinéas , et même de pages en pages ; aussi la mémoire ne conservait-elle rien de ce qui avait passé avec tant de rapidité sous les yeux , et l'on continuait de demeurer étranger à une foule de choses dont il aurait été très-facile de prendre du moins quelqu'idée. Mais depuis que M. Derville racontait à ses enfants quelques-unes des merveilles de l'histoire naturelle, Amédée et Cécile avaient imaginé de recourir à leurs livres si longtemps dédaignés et d'y chercher des lumières , une instruction dont tous les deux commençaient à comprendre la valeur. Les simples abrégés faits pour leur âge, ne pouvaient satisfaire la passion de savoir qui maintenant les animait ; cependant ils y trouvaient comme le complément de certains sujets dont leur père leur avait légèrement parlé, et des indications pour une foule d'autres.

Ce fut ainsi qu'ils arrivèrent à deviner ce que M. Derville avait voulu dire peu de jours auparavant en leur annonçant que bientôt il leur parlerait des *animaux-plantes*, et, tout fier de leurs découvertes, ils apportèrent le soir même les livres remplis de gravures qui représentaient des branches de corail, des madrépores en disant presqu'en même temps : « Mon père, voici des zoophytes ou animaux plantes.

— » Mais, par exemple, ajouta Cécile, nous n'avons rien trouvé sur la manière dont ils *poussent*.....

— » C'est-à-dire, s'écria Amédée, que nous n'avons rien compris à l'explication qu'on en donne. Et pourtant nous avons lu avec une attention !.... N'est-ce pas, ma sœur !

— » Oh ! oui ! sans passer une ligne ! répliqua Cécile. Voilà mon père qui rit !

M. DERVILLE.—La manière dont vous vous exprimez, mes enfants, me prouve que vous n'avez pas pour habitude de lire *avec attention, sans passer une ligne*, et que vous en êtes tout émerveillés ; c'est cet aveu qui me fait sourire.

CÉCILE. — Je te promets, mon père, que désormais nous lirons toujours ainsi. C'est bien plus amusant que lorsqu'on va d'une chose à l'autre, parce qu'enfin on comprend et l'on apprend.

M. DERVILLE.—Alors vous avez, sans

doute, compris et appris que ces productions singulières, appelées animaux-
plantes, appartiennent à la mer ?

CÉCILE. — Mon père, il y en a aussi
dans les rivières, n'est-ce pas, Amédée ?

AMÉDÉE. — Oui ; mais ils ne sont pas
de la même espèce. Par exemple, c'est
dans..... dans la nomenclature que Cécile et moi nous nous sommes perdus ;
mais, tout-à-fait, sans pouvoir nous y
reconnaître, quoique nous ayons lu et
relu, tu sais, ma sœur ?

CÉCILE. — Oh ! oui, plus d'une fois !

M. DERVILLE. — Nous ne nous en occuperons pas pour le moment, en nous
réservant d'y revenir plus tard. Cependant nous ne passerons pas absolument
sous silence le nom des différentes clas-

ses dans lesquelles ont été placés ces singuliers animaux ; seul moyen , vous le savez, mes enfants, de ne point *nous perdre* dans nos études préliminaires , et d'en retirer quelque fruit ; mais ceci viendra à mesure, et me regarde plus que vous. Je désire seulement qu'avant de faire connaissance avec ceux des *animaux-plantes*, qui méritent, en quelque sorte, ce nom par leur ressemblance extérieure avec des arbustes, des plantes, nous disions quelques mots des *échinodermes pédicellés* ; animaux non moins singuliers. Ce ne sont point des coquillages, et leur enveloppe aussi dure que celle des crustacés, est percée d'une multitude de petits trous par lesquels passe une multitude de pieds qu'ils font disparaître à volonté. L'un des premiers échinodermes pédicellés, c'est l'étoile de mer.

Madame Derville. — Vous avez, mes enfants, parmi vos coquillages, des étoiles de mer, des oursins.

Cécile. — Ah ! je m'en souviens ! oui, c'est vrai. Ces coquilles ont des trous en quantité.

Amédée.—Mais l'oursin a des épines, tandis que sur l'étoile de mer on n'en voit pas.

M. Derville.—L'astérie, ou étoile de mer, ayant le pas dans l'ordre des échinodermes pedicellés sur l'oursin, nous parlerons d'elle d'abord. Apportez ici vos coquillages.... Maintenant examinons l'astérie que voici.

Cécile. — Elle a juste cinq branches, comme les étoiles.

M. Derville. — Quelques-unes en

présentent jusqu'à vingt. Vous voyez ici au centre une ouverture? Là se trouvait la bouche, et le long de ce sillon, qui marque en dessous le milieu de chaque branche, passaient, par tous ces trous, les pieds ou tentacules. Quant à ces milliers de ports ou petites ouvertures dont l'astérie est toute semée, on présume qu'ils servent à l'absorption de l'eau nécessaire à la respiration de l'animal.

Cécile. — Ah! oui, parce que l'astérie a des branchies et des trachées, n'est-ce pas, mon père?

M. Derville. — Mon enfant, on ne trouve point chez les zoophites la plupart des organes accordés aux animaux aquatiques plus parfaits, et l'on ne peut dire positivement pas où ils respi-

rent, par où ils voient, par où ils en-
tendent, quoiqu'on ait la certitude que
ces diverses opérations ont lieu, même
chez le polype d'eau douce qui n'est
qu'une espèce de suc gélatineux affectant
diverses formes élégantes ou bizarres.

CÉCILE. — Mais on peut dire du moins
par où ils mangent, puisque voici la
bouche de l'astérie. Mon père, de quoi
se nourrit-elle, je te prie ?

M. DERVILLE. — D'animaux aquatiques et vivants. L'astérie est très-vora-
ce, et, de même que les crustacés, elle
peut reproduire fort promptement celles
de ses branches que quelque circons-
-tance malheureuse lui a fait perdre.

CÉCILE. — Mon père, et ses petits ?
Les met-elle au monde tout vivants ?

M. DERVILLE. — Non, mon enfant.

Elle fraie, comme les poissons, des milliers d'œufs, et pour frayer elle vient à l'embouchure des rivières. Vers la fin de mai, on voit flotter entre deux eaux une quantité prodigieuse de ce frai, qui ressemble à de la gelée de viande. Je vous ai expliqué l'effet de la colle de poisson sur les liqueurs, et vous vous en souvenez, je pense?

AMÉDÉE. — Oui, mon père. La colle de poisson forme comme un réseau sur la liqueur, et en se précipitant au fond, elle entraîne avec elle toutes les impuretés.

CÉCILE. — De sorte que c'est le filtre qui passe à travers la liqueur pour la purifier. Je me souviens bien que tu nous l'as dit, mon père.

M. DERVILLE. — Eh ! bien, mes enfants, le frai de l'astérie produit sur l'eau ce même effet. Après avoir nagé ainsi quelques jours, il se précipite, entraîne avec lui tout ce qui se trouvait mêlé à l'eau et la rendait trouble ; aussitôt, l'eau paraît parfaitement claire. La chaleur fait éclore les œufs assez promptement. Ces masses gélatineuses et inertes, deviennent des masses vivantes où fourmillent des milliers de vers qui prennent bientôt la forme d'étoiles. Sur les côtes de la Manche où les astéries sont fort abondantes, on les emploie comme engrais pour les terres. Au fond de l'eau, ce frai sert à la nourriture des poissons ; les moules en mangent beaucoup, et il ne leur est pas nuisible.

CÉCILE. — Alors, mon père, quand on trouve, des étoiles de mer dans les coquilles des moules, c'est que la moule n'avait pas encore eu le temps d'en faire sa nourriture lorsqu'on l'a prise ?

M. Derville. — C'est possible, et il est possible aussi que ce soient des œufs éclos dans la coquille de la moule même.

Amédée. — Il n'y aurait rien d'étonnant à cela.

Cécile. — Mais, mon père, comment les étoiles de mer ne font-elles pas mourir les moules puisqu'elles font tant de mal aux hommes qui mangent des moules dans lesquelles il s'en trouve.

M. Derville. — Le frai d'étoiles de mer *ne réussit pas* à tous les mollusques testacés ni à certains poissons, tels, par exemple, que le saumon et l'esturgeon ; il est nuisible à tous les quadrupèdes, et cependant la moule s'en nourrit. Nous trouverons la même singularité pour quelques plantes ; nuisibles à certaines espèces, elles offrent à d'autres un mets bienfaisant.

AMÉDÉE. — De sorte, mon père, qu'on pourrait dire presque qu'il n'y a point, à proprement parler, de poison sur la terre ?

M. DERVILLE. — Oui, mon fils, on peut le dire, puisque les animaux venimeux pour quelques carnassiers, puisque les plantes vénéneuses pour quelques herbivores, servent à la nourriture de quelques autres. Vous comprenez qu'il en devait être ainsi, rien ne pouvant avoir été créé sans but et sans utilité par l'auteur de toute chose.

MADAME DERVILLE. — Si l'on ne mange pas l'étoile de mer, on mange de

moins l'oursin, ou hérisson, ou châtaigne de mer , si je ne me trompe. Il
me semble me souvenir d'avoir entendu
des habitants de Marseille et de Tou-
lon vanter ce mets comme l'un des plus
délicieux de tous ceux que peut fournir
la mer.

M. Derville. — J'en ai goûté , pendant un voyage que je fis à Marseille
dans ma jeunesse, et il m'a fallu *du
courage* pour m'y résigner. Rien n'est
moins attrayant, quand on ouvre un
oursin, que cet amas d'œufs dont il est
tout rempli ; surtout si on le mange
cru comme nous mangeons les huîtres.
Quand il est cuit, l'oursin rappelle, par
sa couleur rouge et par le goût, l'écre-
visse de mer.

Cécile. — Mon père, est-ce qu'ils

sont tous faits comme celui dont voici la coquille ?

M. Derville. — Non, mon enfant; il sont aussi variés de forme que de couleur. Il y en a qui présentent la charge d'un turban, d'autres celle du chardon, d'autres celle d'un cœur, d'autres celle d'un œuf, d'une feuille, d'un beignet, d'une châtaigne; on en trouve de rougeâtres, de verdâtres, de violets, de gris cendré. Presque tous sont armés de piquants plus ou moins longs qui leur servent autant, que leurs tentacules, à marcher à nager, à s'accrocher aux rochers. Ces pointes sont mobiles et obéissent à la volonté de l'animal.

Amédée. — Pourtant, mon père, sur l'oursin que voici et qui en a une belle quantité, les piquants ne bougent pas !

M. Derville. — Parce que la membrane qui les attache par la racine à la coquille de l'animal est desséchée ; mais pendant sa vie, cette membrane flexible forme une charnière à laquelle il imprime le mouvement quand et comment il lui plaît.

Cécile.— Mais, mon père, pour vouloir et pour penser qu'on veut, il faut avoir une tête : où était celle de notre oursin, je te prie ?

M. Derville. — Chez la plupart des zoophytes, mon enfant, la tête est tout aussi invisible que chez les mollusques acéphales. La position de la bouche fait seule deviner que là doivent se trouver les organes de la volonté et de l'industrie instinctives ; ainsi les anatomistes parleront de la bouche de l'oursin garnie de cinq dents enchassées   dan une charpente calcaire très-compliquée et ressemblant à une lanterne à cinq pans; mais aucun ne dira un mot de la tête, parce qu'aucun n'a jamais rien trouvé qu'on pût *honorer* de ce nom.

AMÉDÉE. — Je ne vois pas, au fait, pourquoi ils en auraient une puisque certains mollusques peuvent s'en passer et qu'il savent pourtant vouloir et faire ce qui leur est utile où ce qu'il leur plaît. Mais ce que je voudrais savoir, c'est comment ils marchent.

M. DERVILLE. — J'étais trop jeune dans le temps où je suis allé à Marseille pour avoir fait attention à mille choses qui, plus tard, m'auraient intéressé vivement; je me souviens cependant d'avoir vu des oursins se servir de leurs épines et de leurs tentacules pour marcher sur le sable au fond de l'eau, tout comme nous nous servons de nos jambes en mettant l'une devant l'autre. Ils couraient même fort vite, et ce n'était pas sans peine que je parvenais à en *darder* quelques-uns avec le morceau de bois fendu à l'une de ses extrémités qui sert de *ligne* pour ce genre de pêche.

MADAME DERVILLE. — Comme ni Cécile ni Amédée ne songent à te demander, mon ami, l'explication des deux mots dont tu t'es servi pour désigner les classes ou l'ordre des astéries et des oursins, je te le demanderai, moi ; car j'aime à comprendre ce que j'entends.

CÉCILE. — Quel mot donc, maman ?

AMÉDÉE. — Ah ! oui, je me souviens que mon père nous a dit deux mots qui m'ont paru étranges ; mais il me serait impossible de me les rappeler.

M. Derville. — Ce sont, probablement, ceux de *échinodermes pédicellés?*

Amédée. — Oui, mon père, justement.

Cécile. — Eh bien ! je ne les ai pas entendus !

Madame Derville. — Ce qui prouve avec quelle attention tu écoutes !

M. Derville. — *Echinodermes* est composé de deux mots grecs, dont l'un signifie *épineuse*, ou bien *hérissée ;* l'autre veut dire *peau ;* le tout fait donc *peau de hérisson.*

Cécile. — Ah ! que c'est bien trouvé !

Amédée. — Et, *pédicellé*, mon père ?

M. Derville. — Qui a des pieds.

Amédée. — Alors cela fait... cela veut

dire... des animaux à peau de hérisson ayant des pieds?

M. Derville. — Cette dénomination ne te paraît-elle pas juste?

Cécile. — Je la trouve très-juste, mon père.

Amédée. — Je le crois bien, qu'elle est juste.... surtout pour l'oursin.

M. Derville. — Elle l'est également pour l'astérie; car il ne faut pas croire que l'astérie se montre seulement sous la forme d'une étoile. Quant aux holothuries, que l'immortel Cuvier a placés aussi dans l'ordre des échinodermes pédicellés, cette dénomination ne leur convient peut-être pas aussi bien que celle de *cirrodermaires* que je vais vous expliquer. On appelle *cirrhes*, les vril-

les ou filaments tournés en spirales de
la vigne ; le même nom a été donné aux
tentacules, ou bras, ou jambes, comme
vous voudrez, des zoophytes, à cause de
leur ressemblance avec les cirrhes de la
vigne, et les naturalistes proposent
d'appeler *cirrodermaires*, les holothuries dont la peau est toute hérissée de
cirrhes et non de piquants, comme l'enveloppe calcaire de l'oursin.

AMÉDÉE. — Ah ! je comprends la différence !

CÉCILE. — Et moi aussi. Mais, mon
père, pourquoi les tentacules, ou bras,
ou pieds des holothuries, sont-ils ainsi
tortillés ?

M. DERVILLE. — Afin, probablement,
qu'ils puissent s'allonger ou s'accourcir
suivant les besoins de l'animal. Cette

disposition est plus remarquable chez les polypes, surnommés à longs bras, que chez les autres zoophytes; mais leurs cirrhes ne leur servent qu'à saisir la proie qui se présente, tandis que ceux des holothuries sont armés de suçoirs ou ventouses avec le secours desquels l'animal s'attache momentanément pour aider à sa marche.

CÉCILE. — Mon père, je voudrais bien savoir de quelle forme sont les holothuries, où on les trouve, et à quoi elles sont bonnes? Est-ce qu'on les mange?

M. DERVILLE. — Toujours une foule de questions à la fois! Les holothuries ont la forme d'un gros ver; on en trouve dans la vase de toutes les mers, elles sont bonnes à manger en Chine, et on les mange. Te voilà satisfaite, j'espère?

AMÉDÉE. — Est-ce bon, mon père?

M. DERVILLE. — Je l'ignore; on n'en pêche point en France; mais aux Moluques et en Chine la pêche des holothuries et les préparatifs nécessaires à leur conservation, occupent un grand nombre de bras. Aux mois d'avril et de mai, on voit une foule de petits bateaux errer le long des côtes, sur les eaux de la mer qui sont alors parfaitement unies et très-transparentes. Les pêcheurs, armés de bamboux qui peuvent s'enter les uns dans les autres et s'allonger ainsi autant qu'il est nécessaire, se penchent sur le bord de leur embarcation. Leurs yeux perçants découvrent les holothuries, jusqu'à cent pieds de profondeur, où elles s'attachent aux rochers ou aux coraux. Le dernier bout de tous les bambous est armé d'un crochet. Cha-

que pêcheur fait descendre doucement
cette espèce de harpon qu'il allonge à
mesure du besoin, et saisissant adroi-
tement sa proie, l'amène à la surface
de l'eau, puis la retire et la jette dans
son bateau. Quand la pêche est finie,
et cette pêche dure parfois des journées
entières avant qu'on ait pu réunir un
très-grand nombre de prises, on vide les
holothuries, on les fait sécher au soleil
après les avoir plongées quelques minutes dans de l'eau bouillante, et on les
expédie dans les diverses parties des îles
Moluques ou du *Céleste* Empire pour la
consommation des amateurs éloignés des
côtes. Je vous ferai voir, *en peinture,*
des holothuries; il y en a de diverses
couleurs, mais toutes offrent un point
de ressemblance dans la forme surtout
de ce que nous appellerions *la tête,*
si l'on trouvait dans cette partie là

autre chose qu'une bouche. Cette bouche est entourée très-régulièrement, d'espèces de houppes composées d'une multitude d'appendices, ou de sortes de *branches* garnies dans toute leur longueur d'autres appendices qui ont quelque rapport aux feuilles du myrthe, par exemple. La réunion de ces houppes ou de ces menues branches, autour du centre commun qui est la bouche, donne à cette partie de l'animal l'aspect d'une fleur, d'une marguerite.

CÉCILE.—Ah! voilà que les animaux-plantes vont venir!

AMÉDÉE. — Mais, mon père, à quoi leur servent ces houppes ou ces menues branches?

M. DERVILLE. — Des animalcules s'attachent à ces appendices en forme de pétales de fleurs, ou, par eux, sont saisis au passage ; l'holothurie porte successivement à sa bouche chacun de ces appendices, les suce tour à tour, et se trouve ainsi nourrie sans beaucoup de peine.

Amédée. — Que de façons variées de se procurer de la nourriture pour ces mille milliers d'espèces d'animaux que Dieu a semés sur la terre et dans les eaux !

M. Derville. — Au nombre des zoophytes, les naturalistes placent encore les vers intestinaux dont je me garderai bien de parler avant l'année prochaine. Cécile n'est pas encore animée d'un amour de la science assez ardent pour supporter certains détails qui révolteraient sa susceptibilité, déjà blessée par le peu de mots que j'ai dits pré-

cédemment au sujet de quelques insectes destinés à purger là terre des débris malfaisants. Cependant, je ne pas-
serai pas tout-à-fait sous silence le *te-
nia*, si connu sous le nom de *ver solitaire*, quoiqu'il soit rarement *seul* chez
les personnes qui s'en trouvent atta-
quées, et le ver de médine, trop commun
dans les pays chauds. Pour celui-ci, il
s'introduit sous la peau, s'y développe
à la longueur de plusieurs pieds, et vit
ainsi aux dépens de l'homme pendant
des années, sans occasionner toujours
des douleurs bien vives ; mais quelquefois, lorsque surtout il se loge dans les
articulations, il donne des convulsions
par l'effet des souffrances que sa pré-
sence seule excite. Quand il se montre
au dehors, on le saisit, et on le retire
avec beaucoup de lenteur, de peur de

le rompre. Sa grosseur est celle du tuyau de la plume d'un pigeon.

Cécile. — Oh ! j'ai entendu raconter des histoires effrayantes au sujet du ver solitaire, et je t'assure, mon père, que bien volontiers j'en entendrais encore.

M. Derville. — Je n'en doute pas. Mais ce que je pourrais raconter, moi, sur ce sujet, ce ne seraient pas des *histoires effrayantes*, et par conséquent *amusantes*, ce seraient des détails intéressants, curieux en eux-mêmes, dont aucun de vous n'est encore en état de sentir la valeur. *Nous sauterons donc à pieds joints* par-dessus les intestinaux, et nous dirons un mot des encrines avant que de passer aux *animaux-fleurs*, qui doivent nous conduire aux *ani-*

maux-plantes et aux *animaux-arbustes.*

« Les encrines ou crinoïdes habitent les profondeurs des mers ; c'est là que se déploient leurs rameaux dorés , formant, autour de la cime, de ce qui fut pris longtemps pour une plante, et, en réalité, autour de la bouche de l'animal, des panaches élégants. Ces panaches se balancent à l'extrémité d'une longue tige flexible , composée de deux espéces de colonnes formées par des pièces détachées assez régulières, et que dés articulations tiennent unies entre elles. Ce sont les fragments de la tige de la crinoïde qu'on trouve dans les terrains fossiles , et qu'on a désignés longtemps sous les noms de *grains de rosaire ,* de *larmes de géant,* de *pierres de fée.*

AMÉDÉE. — Mon père, il me vient

une idée c'est que les panaches dont tu viens de parler, et qui entourent la bouche de l'animal, lui servent, comme à l'holothurie ses houppes et ses branches, à y amener les animalcules dont la crinoïde fait sa nourriture?

M. Derville. — Rien n'est plus probable, mon fils. Dès qu'on a pu observer et reconnaître les principaux caractères des animaux *rayonnés* ou *radiaires*, c'est-à-dire de ceux dont la bouche est entourée de cirrhes ou tentacules simples ou composés, et *voir* l'usage qu'ils en font, il est devenu facile de *deviner* les mœurs et l'industrie de ceux qui, à une profondeur de onze cents pieds, se dérobent à nos regards. Les animaux, les plantes, les minéraux sont soumis à des lois générales, aussi simples qu'admirables. C'est à la connaissance de ces lois générales que conduit l'étude des principaux caractères qui distinguent entre elles les différentes espèces d'animaux, de plantes, de minéraux.

AMÉDÉE. — Je comprends cela, mon père, et si bien, que je te prie de nous les dire toujours ces caractères principaux.

CÉCILE. — Et moi aussi. C'est singulier, comme des choses qui paraissent sérieuses et peu amusantes d'abord, finissent par le devenir quand on y réfléchit! car, enfin, c'est amusant et intéressant de savoir comment vivent au fond de la mer des animaux-plantes qu'on ne peut pas aller regarder, et cela parce qu'on sait comment vivent les rayonnés qu'on peut voir!

MADAME DERVILLE. — Et moi je trouve, mes enfants, qu'employer ainsi l'intelligence que l'homme a reçue du ciel en partage, c'est montrer qu'il possède en effet quelque droit à se dire *le roi de la nature.* »

CHAPITRE II.

Les orties de mer. — Les anémones de mer. —
Les polypes gélatineux. — L'hydre verte.
— Les corrinnes. — Les vorticelles:

—

— « A la suite des échinodermes pédicellés et sans pieds, reprit M. Derville, Cuvier place les intestinaux dont
je vous ai dit seulement un mot; puis les
orties de mer libres ou acalephes et les
orties de mer fixes ou actinies.

Cécile. — Ah! voilà les animaux-
plantes qui vont commencer cette fois!
Mon père, les acalephes et les actinies
ressemblent donc absolument à l'ortie?

M. Derville. — En aucune façon.

Le nom d'orties leur a été donné à cause de la sensation brûlante qu'on ressent à la peau lorsqu'on est touché par leurs tentacules ou appendices ; de là le nom scientifique d'*acalephe*. Les orties de mer *libres* ont encore un surnom, celui de *méduses*, et les orties de mer *fixes* ou actinies portent aussi le surnom vulgaire d'*anémones de mer*.

Cécile. — Des méduses ! alors elles ressemblent à la tête de Méduse ?

M. Derville. — Pas plus qu'à des orties. La méduse a la forme du champignon. Quelquefois la couleur, l'espèce de pédoncule qui sort de l'intérieur du chapeau ou plutôt de l'ombrelle (terme consacré), de la méduse, lui donnent l'apparence complète d'un champignon commun ; mais ordinairement de l'om- brelle, plus ou moins découpée sur les bords, partent de longs filets ou appendices de-formes tout-à-fait bizarres. Il est probable que ce sont ces longs filets que la méduse fait serpenter en tout sens pour saisir les animalcules et les attirer à sa bouche, qui lui ont valu ce nom *imposant*.

Amédée. — Mon père, pourquoi fait-on une différence entre les orties de mer libres et les orties de mer fixes?

M. Derville. — Parce que les unes sont toujours flottant ou nageant dans les flots, tandis que les autres s'attachent aux rochers.

Cécile. — Mais non pas, pour toujours?

M. Derville. — Elles peuvent changer de place, mais elles préfèrent la tranquillité.

CÉCILE. — Mon père, c'est par leur bissus qu'elles s'attachent comme les moules, les pinnes-marines et le bénitier, n'est-ce pas?

M. DERVILLE. — Nous le saurons tout-à-l'heure. Occupons-nous d'abord des acalèphes libres.

CÉCILE. — Encore une question, mon père, je te prie, de quelle couleur sont les méduses?

M. DERVILLE. — Dans les eaux de la mer, où elles abondent vers la fin du printemps et pendant l'été, elles offrent aux yeux le bleu d'azur, le rose pâle ou vif, et les rayons du soleil les font briller de toutes les nuances de l'iris. Les flots sont alors diaprés comme un tapis de fleurs.

CÉCILE. — Oh! que ce doit être joli!

M. DERVILLE. — La nuit, elles concourent à faire étinceler les vagues des vives lueurs du phosphore. Mais, une fois à l'air, les méduses, au corps gélatineux et transparent, ne présentent plus qu'une membrane sans consistance, sans couleur, qu'un tissu celluleux rempli d'eau.

CÉCILE. — Que c'est donc singulier !

AMÉDÉE. — Alors, mon père, on n'a jamais pu venir à bout de les bien voir ?

M. DERVILLE. — On y est parvenu assez bien, cependant, pour en reproduire l'image fidèle, et pour les classer en divers genres d'après les divers caractères que présente la bouche.

CÉCILE. — Oh ! moi, je me contenterais bien de les voir lorsque, pendant le jour, elles changent la mer en un tapis de fleurs et le soir en vagues de feu.

MADAME DERVILLE. — Il me semble avoir lu dernièrement dans un journal que ce ne sont pas seulement les animaux vivants qui rendent la mer lumineuse.

M. DERVILLE. — Ceci est vrai, ma chère amie. Les débris des poissons laissent échapper des sels phosphoriques qui contribuent à cette phosphorescence de la mer, très-remarquable sous certaines latitudes; mais les méduses, les biphores, les pyrosomes, dont nous avons précédemment parlé, les beroès, animaux également gélatineux, plus transparents encore que les méduses et qui ne peuvent vivre un instant hors de l'eau; une foule d'espèces de vers, d'a-

'nimalcules microscopiques entrent pour beaucoup dans ce phénomène, qui a souvent effrayé les premiers navigateurs. Il n'offre plus qu'un spectacle magnifique, plein de grandeur, d'éclat et de majesté aux navigateurs modernes.

CÉCILE. — Je ne sais pas si j'irai jamais sur mer; mais si j'y étais allée tout-à-fait ignorante de ce qui rend la mer lumineuse, oh! bien certainement j'aurais eu peur... au moins dans le premier moment.

AMÉDÉE. — Mon père, puisque les méduses sont ainsi... invisibles, pour bien dire, il n'a pas été possible d'étudier leurs mœurs?

M. DERVILLE. — Non, mon fils. Ces mœurs sont probablement fort simples, comme celles de tous les zoophytes. Ce qu'il y a surtout de curieux dans l'observation de ces animaux-plantes, c'est leur organisation, la manière dont ils se reproduisent par bouture, et les travaux vraiment prodigieux de quelques-uns d'entre eux, les plus petits de tous.

CÉCILE. — Que peuvent-ils donc faire de si prodigieux, mon père?

M. DERVILLE. — Ils peuvent créer des rescifs entiers, et, après des siècles écoulés, les fondations premières des îles nouvelles qu'on voit soudainement sortir du sein des flots.... Mais, allons doucement, et ne passons pas ainsi d'une classe à l'autre.

CÉCILE. — Ah! oui, c'est le tour des actinies.

M. DERVILLE. — Les actinies appar-

tiennent à la classe des *polypes* ou animaux à plusieurs pieds, et offrent ainsi
quelque ressemblance avec les *poulpes*
dont je vous ai parlé lorsque nous nous
sommes occupés des mollusques nus.

Cécile. — Alors, ce sont aussi de
vilaines bêtes.

M. Derville. — Pas du tout. L'*a-
némone de mer* mérite, par ses vives
couleurs, de porter ce nom qui appartient à l'une de nos plus brillantes fleurs.
Ses tentacules ou pieds, fort nombreux,
sont placés autour de la bouche sur
plusieurs rangs, comme les pétales
d'une fleur double. Très-sensibles à la
lumière, les actinies, de même aussi
que certaines fleurs, s'épanouissent ou
se referment, suivant que le temps est
beau ou se dispose à la tempête; c'est-
à-dire qu'elles rejettent au dehors tous

leurs tentacules si le soleil brille, ou qu'elles les retirent dans l'ouverture appelée bouche, si le soleil se couvre ; aussitôt, cette ouverture se contractant, se referme comme une bourse et la *belle fleur* ne présente plus qu'une espèce de boule formée d'une enveloppe rugueuse, de couleur plus ou moins foncée et fortement attachée aux rochers.

CÉCILE. — Ah !... elles ne se servent donc pas de leurs tentacules, comme le poulpe, pour s'y attacher ?

M. DERVILLE. — A leur base est une espèce de pied charnu, contractile, qui se fixe à leur volonté par l'effet d'une espèce de succion ou d'aspiration, tellement puissante, qu'on ne peut facilement enlever les actinies de la place qu'elles se sont choisie.

AMÉDÉE. — Mais, mon père, quand elles veulent s'en aller ?

M. DERVILLE. — Il leur suffit de faire cesser la contraction musculaire de ce pied charnu, puis, se retournant, elles se servent de leurs tentacules pour marcher sur le sable, sur les rochers, jusqu'à ce qu'elles aient gagné l'endroit où se fait sentir le mouvement des flots auxquels elles s'abandonnent et qui les transportent en d'autres climats.

CÉCILE. — Mon père, est-ce que nous avons des actinies en France?

M. DERVILLE. — Les côtes de la Méditerranée en offrent de fort belles espèces. Sur les côtes de la Manche on en trouve, une entre autres, toujours très-abondante ; c'est l'actinie rousse. Si on l'irrite, elle se contracte et lance toute l'eau contenue dans son corps. Par un beau temps, les rochers en sont couverts, et c'est alors qu'on dirait des anémones nouvellement épanouies.

CÉCILE. — Elles piquent comme les méduses, n'est-ce pas, mon père, puisqu'on les nomme aussi orties de mer?

M. DERVILLE. — Quelques espèces seulement produisent sur la peau, par l'application momentanée de leurs tentacules, une irritation brûlante, mais passagère.

AMÉDÉE. — Alors c'est un animal venimeux.

M. DERVILLE. — Les actinies le sont si peu que, dans le Levant et dans l'Italie, les habitants des côtes en font leur principale nourriture.

AMÉDÉE. — Mon père, je pense une

chose. Puisqu'elles sont si sensibles au changement de temps, ne pourrait-on pas s'en servir en place de baromètre ?

M. Derville. C'est ce que font les marins côtiers et les pêcheurs, au moins pendant l'été, car, l'hiver, les actinies vont chercher une température plus douce, soit dans d'autres climats, soit dans des eaux plus profondes.

Cécile. — Mon père, puisqu'on n'en sait pas davantage sur les méduses et sur les actinies, tu vas nous parler, n'est-ce pas , des autres animaux qui font des rescifs et des îles ?

M. Derville. — Nous n'y sommes pas encore. Après les acalèphes et les polypes charnus , viennent les polypes gélatineux d'eau douce.

AMÉDÉE. — Mon père, pourquoi donc les naturalistes vont-ils ainsi d'une chose à l'autre ?

M. DERVILLE. — Comment , d'une chose à l'autre ?

AMÉDÉE. — Mais oui ! Ne vaudrait-il pas mieux s'occuper de suite des animaux qui vivent dans les eaux douces , je suppose , et ensuite de ceux qui vivent dans la mer ?

M. DERVILLE. — Ainsi a-t-on fait dans les temps d'ignorance, et il en est résulté une confusion qui rendait fort difficile l'étude de l'histoire naturelle. Aujourd'hui, grâces aux travaux d'hommes savants et de l'admirable Cuvier qui n'a pas encore trouvé son égal, la classification fondée sur l'organisation

intérieure et sur les caractères exté-
rieurs qui distinguent entre eux les animaux, offre, à quiconque veut s'instruire,
des indications et même des règles certaines. Parmi les radiaires ou animaux
rayonnés, les astéries , les oursins, les
échinodermes, les intestinaux tiennent
la première place, parce que leur organisation est plus complète que celle des
acalephes et des polypes charnus placés
à leur suite ;. parmi les polypes proprement dits, les polypes gélatineux et nus,
dont quelques espèces vivent dans l'eau
douce, ayant une organisation supérieure
à celle des polypes charnus, tiennent
à leur tour le premier rang. Il en est
encore ainsi chez les mollusques; les
mollusques nus l'emportent, en fait de
classification, sur les mollusques testacés, quoique ceux-ci vous paraissent
plus intéressants parce qu'ils travail-

lent. Eh bien ! de même qu'on a classé dans le même ordre tous les gastéropodes, par exemple, soit qu'ils appartinssent à la terre, à la mer, ou bien aux eaux douces, de même ont été classés les zoophytes ; nous n'allons donc point *d'une chose à l'autre*, et les naturalistes non plus, en passant des animaux-plantes qui vivent dans la mer, aux animaux-plantes qui vivent dans les eaux douces.

AMÉDÉE. — Ah ! je comprends !

CÉCILE. — Et moi aussi. Oh ! que j'en suis contente !

MADAME DERVILLE. — Moi aussi je dirai que je suis contente de comprendre clairement ce que, jusqu'à ce moment, je n'avais fait qu'entrevoir.

M. DERVILLE. — Plus tard nous entrerons dans quelques détails sur les merveilles de l'organisation , et vous comprendrez mieux encore , mes enfants, tout ce qu'on doit d'admiration à ce beau génie qui, le premier, a vu, par inspiration, la seule route à suivre pour une classification nécessaire, et qui pût satisfaire le bon sens et la raison. Aujourd'hui noûs nous bornerons à remarquer que l'organisation des polypes nus est de la plus extrême simplicité. « Un petit cornet gélatineux dont » les bords sont garnis de filaments qui » leur servent de tentacules , voilà » tout ce qui paraît de leur organisation (1). »

Madame Derville. — Assurément on ne peut rien trouver de plus simple.

(1) Cuvier.

M. DERVILLE. — « Néanmoins ils
» nagent, ils rampent, ils marchent mê-
» me en fixant alternativement leurs
» deux extrémités, comme les sangsues
» ou les chenilles arpenteuses ; ils agi-
» tent leurs tentacules et s'en servent
» pour saisir leur proie qui se digère à
» vue d'œil dans la cavité de leurs corps ;
» ils sont sensibles à la lumière et la
» cherchent ; mais leur propriété la
» plus merveilleuse est celle de repro-
» duire constamment et indéfiniment les
» parties qu'on leur enlève, en sorte
» qu'on multiplie à volonté les indivi-
» dus au moyen de la section (1). »

CÉCILE. — Oh ! les drôles de petites
bêtes ! Mon père, je te prie, où les trou-
ve-t-on ?

(1) *Idem.*

M. Derville. — Les polypes, mon enfant, habitent les eaux dormantes et méritent parfaitement la dénomination de zoophytes, ou animaux-plantes. On en distingue six espèces. La plus célèbre c'est le polype vert appelé encore hydre verte. Ce nom d'hydre lui a été donné par Trembley qui, l'un des premiers, a reconnu que ces prétendues plantes, qui semblent sortir de la partie inférieure des lentilles d'eau, étaient, en effet, de petits animaux doués de la faculté singulière de reproduire, presqu'à vue d'œil, la partie qu'on leur enlevait, de même que l'hydre de la fable reproduisait chacune de ses sept têtes à mesure qu'on les coupait; mais les têtes de l'hydre de la fable ne produisaient pas d'autres hydres, tandis que chaque partie du polype donne naissance à un polype parfait. Quant à la couleur d'un très-beau vert qui distingue particuliérement l'hydre verte, les naturalistes ne sont pas d'accord sur la cause à laquelle on doit la rapporter. Je ne vous parlerai pas des discussions assez vives entamées à ce sujet, mais je vous dirai que ces animaux étant très-transparents, il est facile de suivre, dans leur intérieur, le travail de la digestion et la répartition des sucs nourriciers qui les colorent en rouge ou en vert, suivant les animalcules qu'ils ont avalés. Cependant, le polype vert et le polype gris, ou à longs bras, affectent assez constamment ces deux couleurs, pour qu'on puisse croire qu'elles font, en quelque sorte, partie de leur constitution.

Cécile. — Que j'en voudrais donc voir !

M. DERVILLE. — Nous en verrons, nous en éléverons dans un verre d'eau quand nous aurons les premiers de tous les instruments nécessaires à des naturalistes, de bonnes loupes et un microscope. Alors nous recueillerons des hydres vertes, des polypes à longs bras, qui vivent isolément, pour la plupart quoique très-proches les uns des autres ; nous recueillerons aussi des corinnes formant d'assez gros bouquets de clochettes toute hérissées de tentacules ; des vorticelles dont la bouche courbée en demi-lune est garnie d'une double rangée de nombreux tentacules qui présentent de magnifiques panaches à ceux dont les yeux sont aidés par un microscope ; car, à l'œil nu, ces bouquets de vorticelles ne produisent d'autre effet que celui de petites taches de moisissure.

MADAME DERVILLE. — Que de merveilles renferment la terre et l'eau ! Elles
échappent à nos regards !

M. DERVILLE. — Pourtant l'homme
ose penser et dire que tout, dans ce magnifique univers, a été fait pour son
usage, ou pour réjouir ses yeux ! Et il
passe trop souvent une assez longue vie
sans se douter que sous ses pieds, que
près de lui, existent des merveilles aussi
admirables au moins que celles qui frap-
pent journellement ses yeux, et auxx-
quelles on le voit demeurer insensible !... Les vorticelles encore, ou polypes à bouquet, nous présenteront
leurs paquets de fleurs, leurs buissons
tout couverts de petits cornets cou-
ronnés de tentacules, comme certaines
fleurs le sont d'étamines, et, un jour
peut-être, aurons-nous l'occasion de

recueillir, sur quelqu'oursin, le *pédi-
cellaire*, polype parasite qui prend asile
entre les épines de cet autre radiaire,
et vit avec lui, probablement à ses dépens, comme tous les parasites du monde
connu, à quelque classe, ordre ou famille qu'ils puissent appartenir.

AMÉDÉE. — Mon père, je voudrais
bien savoir comment il a pu venir à la
pensée de quelqu'un que les polypes à
bouquets, par exemple, n'étaient pas
des plantes ?

M. DERVILLE. — Au siècle dernier,
un naturaliste, nommé Trembley, ayant
mis, dans un verre avec de l'eau, la len-
tille d'eau, plante verte, arrondie et sans
feuillage, qui couvre peu à peu les eaux
dormantes, aperçut de petits corps
verts qui vinrent s'attacher successivement aux parois transparentes du vase.

Il les examina, et crut les voir prendre différentes formes, agiter, quoique fort lentement, ce qu'il prenait, lui, pour des espèces de branches plus ou moins déliées et longues. Plusieurs jours de suite Trembley continua ses observations, et il remarqua que, lorsqu'il changeait le vase de place, ces petits corps verts parvenaient par un mouvement fort lent, à gagner la partie la plus exposée à la lumière. Trembley s'imagina que ces petits corps verts étaient des plantes du genre de la sensitive, mais douées d'un sentiment encore plus exquis et de la faculté de se mouvoir.

CÉCILE. — J'aurais deviné tout de suite que ce n'étaient pas des plantes.

AMÉDÉE. — C'est-à-dire que tu *le devines* aujourd'hui parce que tu *le sais!*

M. DERVILLE. — Comme rien encore n'avait mis personne sur la voie , et comme les gens vraiment instruits se défient toujours beaucoup d'eux-mêmes, de leurs lumières et des illusions produites par les sens , Trembley s'arma de patience , et continua d'observer ses prétendues sensitives. Il les vit bientôt changer de lieu , et, pour exécuter ce mouvement progressif, se courber en tous sens, ou bien, avec ce qu'il prenait pour de menues branches , faire la roue à la manière des petits villageois, et avancer, avec beaucoup de lenteur, le long des parois du verre.

CÉCILE. — Mon père, il dut alors aussi les voir manger !

M. DERVILLE. — Pour se douter que le mouvement imprimé à leurs branches servait à attirer les animalcules dans leur bouche, il aurait fallu avoir quel qu'idée que ce pouvait bien être des animaux, et cette idée était si loin de toutes les idées reçues, que Trembley ne la conçut pas. Afin de bien s'assurer de la nature *végétative* de ces petits corps verts qu'il trouvait si extraordinaires, Trembley en coupa plusieurs en deux, et remit dans l'eau toutes ces moitiés, bien persuadé que, comme toutes les plantes aquatiques, celles-ci repousseraient promptement; ce qui eut lieu en effet, mais avec une rapidité telle, que le jour même chaque moitié de chaque petit corps vert, formait un tout bien complet, et les menues branches nouvelles exécutaient, aussi bien que les anciennes, un mouvement de moulinet très-visible, surtout pour des yeux qui, depuis quelques jours, s'é-

taient accoutumés *à voir* plus clairement que de coutume.

CÉCILE. — Cette fois là.....

M. DERVILLE. — Cette fois là, mon
enfant, par l'effet du doute de soi-même
qui conduit seul, tôt ou tard, à la découverte de la vérité, Trembley s'adressa
à Réaumur dont la scrupuleuse attention
à observer et à se garder des rêves de
l'imagination était bien connue. Réaumur et Bernard de Jussieu avaient examiné déjà *des plantes* de la même espèce, mais d'une autre couleur, le polype gris à longs bras; ces trois savants
s'aidant mutuellement de leurs lumières,
parvinrent bientôt à reconnaître que les
prétendues plantes étaient en réalité
des animaux composés d'un sac gélatineux entouré de tentacules; que les

tacules amenaient dans ce sac des animalcules, et qu'on pouvait voir s'opérer la digestion des aliments, poussés
et repoussés du haut en bas jusqu'à ce
qu'ils fussent complétement triturés et
dissous. Trembley, mis ainsi sur la voie,
reprit avec plus de zèle le cours de
ses observations, et il donna le nom de
hydre à ces animaux singuliers qu'on
multipliait à l'infini en les divisant.
Ce fut alors que Trembley comprit des
mouvements qu'il n'avait pu encore s'expliquer, et que, poursuivant avec activité ses recherches, il découvrit plusieurs espèces de polypes. Chez tous se
montrait la même gloutonnerie ; ils ava-
laient jusqu'à leurs bras, et un jour il
vit deux polypes gris se disputer un ver
appelé naïs, avec un acharnement inex-
primable. Le plus robuste des deux
avala le ver et l'autre polype ; celui-ci,

quelques instants après, fut rejeté sain
et sauf, ce qui étonna beaucoup Trembley, et l'excita à faire des expériences.
Il affama l'une de ses hydres vertes, et
lui en présenta une autre qui fut aussitôt
avalée, mais pour être rejetée, au bout
de quatre ou cinq jours, pleine de vie et
en bon état.

CÉCILE. — Que c'est singulier!

MADAME DERVILLE. — C'est singulier, sans doute, mais ce devait être
ainsi ; autrement ces animaux se seraient détruits les uns les autres.

M. DERVILLE. — La réflexion de votre mère est juste, mes enfants. La
gloutonnerie des polypes étant si grande
qu'ils avalent jusqu'à leurs propres
bras : la destruction de toutes les espèces
eût été certaine si le polype avait pu

être, pour un autre polype, une matière digérable.

AMÉDÉE. — Alors, mon père, ils ont beau avaler leurs bras, ils ne les digèrent donc pas?

M. DERVILLE. — Non, mon fils, ils les rejettent. Peu à peu Trembley, Réaumur, et plus tard, Bonnet, découvrirent les polypes à panache et les polypes à bouquets que depuis on a nommés corinnes et vorticelles. Les expériences tentées sur ces animaux singuliers se renouvelèrent; on parvint, en divisant un seul individu, à multiplier non seulement les hydres, mais les corinnes, les vorticelles; on découvrit que celles-ci, qui ont la forme très-prononcée d'un cornet et qui vivent réunies en fort grand nombre attachées à une même tige, se divisent d'elles-mêmes pour se reproduire, c'est-à-dire que le cornet se sépare en deux parties qui donnent chacune, à la fin de la journée, un animal parfait. D'essais en essais, on en vint à retourner une hydre verte comme nous retournerions un gant, et l'animal continua de faire le moulinet avec ses bras pour attirer à lui les animalcules, et de les avaler, de les digérer aussi facilement, aussi promptement que s'il ne lui était rien arrivé d'extraordinaire.

CÉCILE. — On dirait d'un conte de Fées !

M. DERVILLE. — Les phénomènes offerts par l'*Histoire naturelle*, mes enfants, ont tout l'attrait de la fiction et toute l'importance de la vérité.

MADAME DERVILLE. — Les polypes à panaches et à bouquets s'attachent,

sans doute, à quelque plante aquatique, et ne changent point de place,
n'est-il pas vrai, mon ami?

M. DERVILLE. — Je te demande pardon ; ils changent de place, mais il faut
que la colonie entière le veuille. Alors
toutes les tentacules s'agitent comme
de concert, et forment comme autant
de rames qui travaillent à la fois à effec-
tuer un mouvement unique, et toujours
lent, vers le point où brille la lumière ;
car les polypes sont sensibles, à la façon des plantes, sans doute, aux effets
de cette lumière qui seule colore les
animaux et les végétaux. Mais, ce qu'il
y a de plus remarquable, c'est que la
nourriture prise par chacun profite à
tous.

CÉCILE. — Et comment cela, mon
père?

M. Derville. — De même que la sève circule dans toute la plante, de même circulent les sucs nourrissiers dans une agrégation de polypes. Le lien qui les unit entre eux, le petit pédoncule par lequel chaque cornet, chaque clochette, tient à tous les autres, servent de communication entre tous.... J'entrerai dans plus de détails à ce sujet, quand nous nous occuperons des polypes à polypiers. En voilà assez pour ce soir mes enfants.

Cécile. — Demain, mon père, tu nous parleras, n'est-ce pas, des polypes à polypiers?

— « Nous verrons, répondit M. Derville, et le frère et la sœur se retirèrent, après avoir embrassé tendrement leurs bons parents.

CHAPITRE III.

Les polypiers. — Les polypiers à tuyaux. — Les
polypiers à cellules. — Les corallines. — La
mousse de Corse. — Le corail.

—

— « Voici des fragments de polypiers, dit M. Derville, en posant sur
la table, le lendemain soir, des espèces
de branches d'un blanc mat, un morceau d'un rouge vif composé de plusieurs
petits tuyaux unis entre eux par des espèces de liens de même couleur, et une
pierre jaunâtre toute percée d'ouvertures ou cellules en forme de fleurs.
Ce sont, ajouta-t-il, de très-petites
parties détachées des *arbres* et des *ro-*

chers calcaires que renferme la profondeur des mers.

— « Ce morceau rouge, c'est du corail, n'est-ce pas mon père, demanda Cécile?

— « Non, mon enfant, répondit M. Derville. Le corail ressemble plus à un arbre que ce *tubipore musica*. Mais, avant d'entrer dans quelques détails sur les variétés fort singulières que présentent les polypiers, je dois vous dire qu'il faut chercher les plus belles espèces sur les côtes d'Afrique, des îles Philippines, des molluques, dans les mers de la Chine, du Japon, où le fond en est absolument couvert. Les *pierres*, dont voici un échantillon, et auxquelles on donne le nom vulgaire de *ruches* et le nom scientifique de *cellépores*, forment des masses énormes qui sont comme les rochers particuliers à ces sortes de forêts sous-marines et d'une immense étendue. Les rameaux de ces *arbres*, les pierres de ces *rochers*, depuis leur base jusqu'à leur cime, ne sont que fleurs aux riches couleurs. Le jaune vif, le rose, le lilas, le vert tendre, brillent de toute part. A l'extrémité de chacun des tuyaux du tubipore musica que voici, était une fleurette à cinq pétales d'un lilas ou d'un vert tendre ; ce madrépore, d'un blanc mat, portait au bout de chacune de ses pointes mousses dont il est tout hérissé, une autre fleurette d'un beau jaune, et ce fragment de cellépore présentait une moisson de fleurs roses ou jaunes.

CÉCILE. — Ah! qui pourrait se douter qu'il y a, au fond de la mer, d'aussi beaux jardins que sur la terre !

Amédée. — Et des fleurs *vivantes;* car je devine que ces *prétendues* fleurs ce sont des polypes, et leurs *prétendues* pétales des tentacules , n'est-ce pas, mon père?

M. Derville. — Oui, mon fils.

Cécile. — Alors tout cela est toujours s'agitant, remuant. Ah! que ce doit être joli!... Mais personne ne le peut voir; quel dommage!

Madame Derville. — Je te ferai une question, mon ami. Les polypes ne *s'évanouissent* pas apparemment comme les méduses et les béroés, lorsqu'on les retire de l'eau, puisqu'il a été possible de les bien observer; car je m'imagine que peu de personnes, parmi les naturalistes , ont pu aller visiter ces richesses sous-marines au fond des mers?

M. Derville. — L'étude en serait trop difficile, en effet. Oui, ma chère amie, les polypes ont la vie *dure*; ceux d'eau douce nous le prouvent, et les polypes à polypiers, si l'on a eu le soin de les tenir dans l'eau de mer après qu'on les a pêchés, demeurent assez longtemps épanouis pour qu'il soit possible de les bien observer et même de les dessiner. Ce genre de pêche offre de grandes difficultés; il ne peut être exécuté que par des plongeurs habiles, car ce qu'on obtient par le moyen de la drague, est toujours mutilé et sans valeur pour les véritables connaisseurs. Les plongeurs descendent à de grandes profondeurs, choisissent les plus beaux tubipores, les plus beaux coraux, les plus beaux madrépores, y attachent les cordes qu'on laisse descendre du bateau et attaquent *l'arbre* à sa base au moyen des coins , des leviers , de la massue qu'ils portent à leur ceinture ; puis ils remontent, et aident les gens du bateau à tirer de l'eau la prise qu'ils viennent de faire.

Cécile. — Comment, il faut des coins et des leviers pour détacher les poly-piers du fond de la mer?

Amédée. — La belle question ! Est-ce que les arbres ne tiennent pas si fort à la terre par leurs racines , qu'il faut des outils et plusieurs hommes pour les dé-raciner !

M. Derville. — Les polypiers, mon fils, sont des *arbres sans racines ;* mais il ne s'en trouvent pas moins solidement attachés aux rochers, et si solidement qu'ils semblent en faire partie. La pê-che terminée, on vient à terre et l'on s'occupe de faire périr les fleurs vivantes qui se sont fermées pendant le trajet, mais qui se r'ouvrent si on les met dans l'eau de mer, et si on les place dans un lieu isolé, paisible, et exposé au grand jour ; car vous savez que les polypes, quoique privés des sens de la vue et de l'ouïe, aiment la lumière et redoutent le bruit.

Amédée. — Mon père, il fait donc clair au fond de la mer?

M. Derville.—Des expériences nombreuses, autant que curieuses, ont prouvé que la lumière pénètre à travers les eaux à une grande profondeur, et que là, comme sur la terre, elle contribue à la coloration des plantes aquatiques et des animaux, je crois vous l'avoir déjà dit.

Cécile. — Et alors aussi, on entend le bruit à travers l'eau?

M. Derville. — Il est prouvé, ma fille, que le son imprime à l'air qui nous entoure des vibrations, ou, si tu l'aimes mieux, un mouvement plus ou moins vif, plus ou moins marqué, suivant que le son est plus ou moins aigu ou grave, lent ou rapide ; le même effet est subi par l'eau et avec plus de force parce que l'eau est plus *dense*, c'est-à-dire plus compacte ; il l'est également par la terre encore plus dense que l'eau ; vous savez tous les deux, pour l'avoir lu dans quelques voyageurs, qu'en appliquant l'oreille contre terre on entend le bruit le plus léger, le plus éloigné, et qui serait autrement tout-à-fait insensible.

Cécile. — Ah! c'est vrai ! Et c'est toujours ainsi que les sauvages écoutent ; tu t'en souviens, Amédée?

M. DERVILLE. — Le son produisant dans l'eau comme dans l'air et dans la terre des vibrations, c'est-à-dire du mouvement, vous devez comprendre que les polypes, par exemple, qui vivent dans ce milieu, n'ont pas absolument besoin d'*oreilles* pour *entendre* ou pour savoir qu'autour d'eux se passe quelque chose d'extraordinaire. Aussitôt ils rentrent leurs tentacules, et paraissent se fermer, comme se ferment les feuilles de la sensitive.

MADAME DERVILLE. — Ils sont bien malheureux ceux qui passent leur vie dans l'ignorance de tout ce que l'univers présente de merveilles, n'est-il pas vrai, mes enfants?

CÉCILE. — Oh! oui, maman!

AMÉDÉE. — Je veux m'instruire le plus

possible afin d'être heureux ; car il est bien vrai que je le suis davantage depuis que nous nous occupons d'histoire naturelle. Mon père, est-ce qu'on ne peut donc pas absolument conserver des polypiers avec leurs polypes ?

M. Derville. — Si, mon fils ; mais les amateurs recherchent davantage les belles branches de coraux, de madrépores, bien entières, que les fragments de corail fleuri qu'on trouve chez quelques-uns d'entre eux seulement, conservés dans de l'esprit de vin.

Cécile. — Mon père, il faut que je te dise une idée que j'ai ; c'est que les polypes de mer doivent construire leurs polypiers absolument comme les mollusques testacés construisent leurs coquilles ?

M. Derville. — D'où te vient cette idée, ma fille ? »

Cécile regarda un moment son père. Elle hésitait à répondre, dans le doute où elle était d'avoir ou non *deviné*. Par amour-propre, elle souhaitait de ne s'être pas trompée, et par amour-propre, elle se taisait après s'être hâtée de parler pour s'entendre dire : « Très-bien, ma fille! »

— « Eh bien ! demanda madame Derville, tu ne peux nous dire d'où t'est venue cette idée ?

— « Maman, c'est que je ne le sais pas positivement ; mais il me semble que ce doit être.

M. Derville. — Pourquoi cela te semble-t-il devoir être ainsi ?

Cécile. — Parce que.. les polypes...

puisqu'ils n'ont absolument que des tentacules... et puisqu'ils sont gélatineux... Mon père, je ne sais pas, mais je crois que c'est comme cela ; voilà tout.

M. DERVILLE. — Et toi, mon fils ?

AMÉDÉE. — Moi, mon père, je pense qu'il n'y a qu'une loi pour les mollusques testacés, pour les crustacés et pour les polypes qui font des polypiers. Les polypes doivent alors *suer* leur polypier, comme les mollusques testacés et les crustacés suent leurs coquilles.

CÉCILE. — Que je suis donc sotte de n'avoir pas songé à cela ! J'avais bien quelque idée approchant, en regardant les morceaux de polypier que voici; mais cela n'était pas clair du tout dans ma tête....

M. DERVILLE. — Est-ce clair, maintenant ?

CÉCILE. — Oh ! oüi, mon père. Ainsi Amédée a deviné ! Mais moi aussi pourtant !

M. DERVILLE. — Tu as *deviné*, ma fille ; Amédée, par la réflexion, a *compris* ce qui pouvait et devait être. Lequel vaut le mieux?.... Ce tubipore musica, mes enfants, peut nous servir à suivre, pour ainsi dire, le travail de tous les polypes à polypiers, soit qu'ils se construisent des demeures pierreuses comme celles que nous avons sous les yeux, soit qu'ils s'en construisent de flexibles, à la manière des corallines et des alcyons. Les polypes qui habitaient les tuyaux que voici, étaient d'un beau vert et de la forme de l'hydre. Supposons la fondation d'une colonie sur un rocher non encore habité par des polypes. Bien des causes ont pu y jeter soit des œufs, car les polypes se reproduisent également par des œufs, par section, par bouture, soit des fragments de polypes. Aussitôt que les œufs ont été éclos, aussitôt que les fragments de ce singulier animal ont pu se fixer, le *travail* a commencé, c'est-à-dire que la matière, à la fois visqueuse et pierreuse qui transsude de tout le corps, s'est attachée au rocher en se durcissant à l'instant, et le *pied* du tubipore musica a pris ainsi *racine*. A côté de ce premier tuyau s'en est élevé très-promptement un autre, car les polypes multiplient avec une rapidité au-dessus de tout ce que l'imagination peut se figurer. En même temps que la colonie naissante gagnait du terrain en largeur, elle en gagnait en hauteur; chaque animal *poussait* comme pousse la plante, et chaque tuyau s'allongeait d'autant; et, en s'allongeant, il durcissait, il devenait *pierre* plus ou moins solide ; et ces attaches que vous voyez, qui unissent entre eux tous ces petits tuyaux, et qui leur donnent en effet quelque ressemblance avec ceux de l'orgue, se formaient à des distances assez égales.

Cécile. — Mais, mon père, pourquoi y a-t-il des attaches au tubipore musica, et pourquoi n'y en a-t-il pas à ce madrépore ?

M. Derville. — Autant vaudrait, mon enfant, me demander pourquoi l'un est rouge et l'autre blanc; pourquoi l'un n'a point de branches, et pourquoi l'autre en a ; pourquoi, parmi les mollusques testacés, il en est dont la coquille présente des formes en spirales, et d'autres dont la coquille est composée de deux valves ; pourquoi le pin

n'a pas le même feuillage ni la même
verdure que le tilleul, et pourquoi l'un
se développe en pyramide, tandis que
l'autre étend ses branches presque hori-
zontalement. La puissance créatrice qui
a fondé les espèces, a donné à chacune
l'impulsion à laquelle elles doivent de
se reproduire avec les formes, la couleur, qui appartiennent à leur espèce
et c'est ainsi qu'elles se reproduisent.
Si cette impulsion est, au fond, la même
pour tous, elle se manifeste, au dehors,
sous des aspects différents, suivant les
espèces ; mais toujours les mêmes pour
chacune, à quelques exceptions près,
qui sont ce que nous appelons des mons-
truosités. Ainsi, jamais l'animal, qui
donne le madrépore, ne produira un
tubipore musica, pas plus que l'animal
qui donne la porcelaine, ne produira un
cône drap d'or, pas plus que la graine

du tilleul né produira un pin, et la pomme du pin un tilleul.

Amédée. — C'est bien facile à comprendre.

Cécile. — Sans doute; mais j'aimerais tant à savoir le *pourquoi* des choses!

M. Derville. — Je viens de te le dire, mon enfant; tâche d'y réfléchir jusqu'à demain, et tu reconnaîtras, je l'espère, que tout nous ramène à la cause première, à la pensée d'un Dieu tout-puissant dont la volonté a suffi pour imprimer à la matière les formes les plus diverses, et, à cette matière ainsi réunie, ainsi organisée, l'impulsion qui doit la faire se reproduire sous ces mêmes formes qui lui ont été d'abord imprimées. L'homme, par des mutilations, peut altérer plus ou moins ces formes primitives; ainsi il obtient des fruits, des fleurs variées, en employant la taille, la greffe; il obtient de même, par le mélange des races des animaux, des animaux *nouveaux*, et s'il pouvait pénétrer dans les profondeurs des mers, et diriger les travaux des polypes à polypiers, il obtiendrait certainement des produits tout particuliers; mais ces produits n'en sortiraient pas moins d'une source unique, et dès que l'obstacle apporté à leur développement naturel serait détruit, ils redeviendraient ce qu'ils ont toujours été depuis la création du monde, ce qu'ils seront toujours tant que le monde existera. C'est, mon enfant, le seul *parce que* par lequel je puisse répondre à tes *pourquoi*.

AMÉDÉE. — Mon père, le corail est-il aussi un composé de tuyaux comme le *tubipore musica?*

M. Derville. — Nous le saurons tout-à-l'heure. La famille des polypes à tuyaux est très-nombreuse, et elle offre des productions aussi variées que jolies; nous les passerons en revue quelque jour. Après les polypes à tuyaux Cuvier place les polypes à cellules dont nous possédons un échantillon. Vous voyez que ce sont encore des tuyaux, mais ils ne sont point séparés comme dans les tubipores, et ils présentent assez de ressemblance avec les gâteaux de cire faits par les abeilles, pour qu'on ait donné à cet assemblage le surnom de *ruche.* Viennent ensuite les *corallines* dont une espèce, celle dont on fait usage en médecine, est fort connue sous le nom de *mousse de Corse.*

Madame Derville. — Eh! quoi! la

mousse de Corse n'est point de la mousse ?

Cécile. — N'importe ce que c'est, maman, la tisanne qu'on fait avec est bien mauvaise !

M. Derville. — Non, ma chère amie, la mousse de Corse n'est pas le produit de la végétation; elle est celui des *travaux* d'une espèce de polypes. Ceux-ci ne bâtissent pas à *chaux* comme les tubipores, les cellulaires, les madrépores, ni en *marbre* comme les fabricants de corail; ils se contentent de tuyaux de substance cornée, formant de longues tiges d'autant plus flexibles qu'elles ne sont point d'une seule pièce; elles présentent au contraire un grand nombre d'articulations. Sur les roches ou bien sur les bancs d'huîtres négligés depuis quelque temps, *poussent* en pe-

tits buissons les corallines d'espèces
variées. On les avait prises pour de jolies plantes délicates, élégantes, aux
branches dentelées comme le sont les
feuilles des mousses, aussi longtemps
que les découvertes de Trembley sur les
polypes d'eau douce et celles de Peysso-
nel sur les polypes de mer, n'eurent
pas excité les observateurs à examiner
de près les productions, en apparence
végétatives, de la mer. Le polype des
corallines ressemble beaucoup à celui
d'eau douce, ressemblance qui tient surtout à des tentacules rangées en rayons
autour d'un centre, comme les pétales
des fleurs. Peu à peu, on est arrivé à
reconnaître distinctement les différentes
espèces de corallines. Il y en a une fort
remarquable qu'on a surnommée *vési-
culeuse*. On a cru d'abord que les vésicu-
les dont les plus menues branches sont

munies n'avaient d'autre objet que de soutenir à fleur d'eau les longs rameaux de la coralline vesiculeuse; mais plus tard, on a reconnu qu'elles servent de demeure aux polypes nouveau-nés. Lorsque le jeune polype est parvenu à un certain degré d'accroissement, la vésicule s'ouvre, et il se montre étendant ses tentacules, et faisant le moulinet pour attirer à sa bouche les animalcules dont il se nourrit ; à la moindre alarme, il rentre dans son gîte qui se referme à l'instant.

AMÉDÉE. — Mon père, je voudrais bien savoir par quel moyen on est parvenu à s'assurer de tout cela?

M. DERVILLE. — Par le secours d'une forte loupe et du microscope, mon fils. Des pêcheurs ayant apporté des huîtres couvertes de corallines, on a mis le

tout dans un grand vase de bois qu'on
a rempli à peu près d'eau de mer. Au
bout d'une heure de repos et de silence, les polypes qui s'étaient contractés
à l'instant où on les avait tirés de l'eau,
se sont épanouis; on a vu paraître, puis
disparaître pour reparaître encore, les
jeunes polypes renfermés dans les vé-
sicules, et après plus d'un essai malheureux, on est parvenu à trouver le
moyen de conserver des corallines, et
plus tard des coraux avec leurs polypes
épanouis.

CÉCILE. — Oh! comment cela, mon
père, je te prie?

M. DERVILLE. — Aussitôt qu'ils ont
repris leur sécurité et qu'ils ont déployé
leurs tentacules, on verse doucement
dans le vase qui les contient, autant
d'eau douce chaude qu'il s'y trouve d'eau

de mer froide, et, avec des pinces, on enlève promptement les corallines de dessus les huîtres pour les plonger aussitôt dans des vases de cristal remplis d'esprit de vin bien clair. A l'instant les polypes perdent la vie sans avoir eu le temps de se contracter; et ainsi l'on a des buissons de corallines et des branches de corail *fleuris*.

Cécile. — Si nous allons jamais habiter les bords de la mer, j'aurai bien soin d'examiner les huîtres quand les pêcheurs en apporteront, pour recueillir des corallines.

Madame Derville. — Je fais une remarque que vous feriez aussi, mes enfants, je pense, si vous accordiez un instant à la réflexion; c'est que les polypes de mer, exposés à mille et mille dangers par l'effet seul de l'agitation continuelle des vagues, ont reçu la faculté, non-seulement de s'attacher fortement à quelque corps solide , mais aussi de se vêtir d'une enveloppe pierreuse ou cornée, qui les met à l'abri du choc de tous les corps durs que les flots entraînent violemment avec eux, tandis que les polypes d'eau douce, destinés à vivre dans des eaux tranquilles , sont nus.

M. Derville: — Cette remarque, ma chère amie, est juste et peut trouver son application partout. Oui , partout, nous en avons déjà fait l'observation , rien de superflu n'a été donné aux animaux, aux plantes , mais aussi ils ont reçu *tout* ce qui pouvait être utile à leur conservation et à celle de leur espèce.

Cécile. —Mon père, et le corail?

M. DERVILLE. — Patience, nous y arrivons.

CÉCILE. — Je voudrais tant savoir où on le pêche!

M. DERVILLE. — Sur les côtes de Sardaigne, sur celles de Tunis, sur celles de la Corse, de la Catalogne. Le corail a toute l'apparence d'un arbuste, ou plutôt d'un arbrisseau, car il s'élève rarement à plus d'un pied de hauteur. Une foule de branches partent du tronc principal, et de ces branches partent encore des ramifications plus ou moins nombreuses. A l'instant où le corail est tiré de l'eau, il se trouve couvert d'une substance rouge pâle et membraneuse qui forme comme une écorce...

CÉCILE. — Je parie que ce sont les tentacules des polypes...?

M. Derville. — Si tu ne t'étais pas hâtée de m'interrompre, tu aurais su que cette écorce membraneuse est toute parsemée de cavités, en forme d'étoiles, destinées à servir en quelque sorte d'étuis aux tentacules de polypes, mais que le polype lui-même sort d'un tube étroitement uni à une multitude d'autres petits tubes à peine visibles à l'œil nu. Le corps de l'animal transsudant sans cesse la matière pierreuse et rouge qui donne ce que nous appelons le corail, le petit tube finit par s'épaissir, par se combler, et le polype en sort; aussitôt une autre enveloppe solide se forme autour de lui, et le pied ou le tronc de l'arbre s'allonge, ou bien une branche nouvelle se développe à droite, à gauche; sur cette branche éclosent d'autres petits polypes, et à l'instant voilà des ramifications s'élançant à l'infini des nouvelles branches et dans toutes les directions.

Madame Derville. — Ils étaient en vérité bien excusables ceux qui ont pris ces singulières productions pour des arbustes pétrifiés ! On se tromperait à moins !

Amédée. — Mon père, c'est aussi aux rochers que les coraux s'attachent?

M. Derville. — Oui, mon fils ; cependant ils s'attachent encore sur les os de baleine, sur les bouteilles jetées hors des navires, sur les crânes de ceux que la mer a engloutis et fait rouler entre les anfractuosités des rochers. La multiplication de ces petits animaux est si grande et si prompte, qu'une ou deux années suffisent pour qu'il se forme des rescifs dans les bas fonds et pour que le passage se trouve fermé aux vais-

seaux dans les lieux même où précédemment la sonde annonçait un bon
mouillage.

CÉCILE. — Voilà que je me souviens d'avoir vu à ma tante un collier
de corail que je n'ai jamais trouvé joli,
parce qu'il n'est pas taillé. Ce sont de
petites branches sur lesquelles il y en a
d'autres qui vont dans tous les sens. Te
le rappelles-tu, maman?

MADAME DERVILLE. — Parfaitement ;
et ce que je me rappelle aussi, c'est que
ce collier passait pour être d'une grande valeur dans le temps où le corail avait
la vogue.

CÉCILE. — C'est bien dommage que
le corail ne soit plus de mode, car rien
n'est joli comme cela !

M. DERVILLE. — On ferait un long

poëme de toutes les vicissitudes que [le caprice des hommes a fait subir au corail. Orphée l'a chanté; Ovide l'a immortalisé dans ses métamorphoses; du temps des anciens Romains, les grains de corail, considérés comme des amulettes, étaient portés par les aruspices et les devins; on en plaçait dans le berceau des nouveau-nés afin de les préserver des maladies; les médecins faisaient entrer le corail en poudre dans la plupart des remèdes qu'ils ordonnaient; les Gaulois s'en servaient comme de l'ornement le plus riche pour rehausser l'éclat de leurs casques, pour enrichir leurs boucliers et la poignée de leurs glaives... Après tant d'honneurs rendus par les Anciens, le corail tomba quelque temps en oubli dans l'Europe; puis la mode lui rendit sa valeur, mais pour un moment, car aujourd'hui pas une femme, pas une jeune fille qui *se respecte* ne voudrait porter du corail.

Amédée. — Alors, mon père, les pê-, cheurs de corail qui devaient avoir bien à faire dans le temps où il était de mode, ont perdu leur industrie?

M. Derville. — Elle n'est pas dans un état aussi florissant que jadis, sans aucun doute; mais l'Inde, mais l'Asie, plus constantes que l'Europe, emploient encore le corail comme autrefois. Le corail qu'on pêche sur les côtes de France étant toujours le plus beau, celui qui offre la couleur la plus vive, la plus éclatante nos pêcheurs corailleurs n'ont pas discontinué leurs travaux.

Madame Derville. — J'ai porté du corail dans ma jeunesse, et je me souviens d'avoir remarqué qu'il pâlissait lorsque j'étais malade. C'est peut-être, au reste, un rêve de mon imagination.

M. DERVILLE. — Non , ma chère amie. Non-seulement la couleur du corail s'altère par l'effet de la transpiration d'une personne malade, mais s'il est porté sur la peau, dans un lieu échauffé et où l'air circule difficilement, il devient poreux; c'est-à-dire, que la multitude de petits tuyaux dont il est composé devient *visible*, pour ainsi dire.

CÉCILE. — Que c'est singulier !

M. DERVILLE. — Il est probable que cette propriété du corail a été reconnue dès la plus haute antiquité, et que les prétendus devins ont su en tirer parti pour leurs prédictions et leurs présages; de là, la vénération dont le corail fut longtemps honoré ; de là aussi la réputation d'amulettes *parlantes* dont il a joui avec quelque justice, car il reprend en effet sa couleur et sa densité dès que les causes qui avaient contribué à altérer l'une et l'autre, s'affaiblissent ou cessent.

MADAME DERVILLE.—C'est encore ce que j'ai observé.

M. DERVILLE. — J'ajouterai cependant que la transpiration de certaines personnes altère à un tel point le corail, que toujours il demeure terne, pâle et poreux, quoiqu'elles cessent de le porter.

AMÉDÉE. — Mon père, faut-il bien des années pour qu'un.... plant de corail arrive à toute sa grandeur ?

M. Derville. — Ceci dépend, mon fils, de la profondeur à laquelle il se trouve placé. Dans une eau profonde de dix brasses, huit années suffisent ; vingt-cinq à trente ans sont nécessaires s'il se trouve à cent brasses au-dessous de la surface de l'eau, et quarante années au moins s'il s'en trouve à cent cinquante brasses de distance.

Cécile. — Mais comment a-t-il été possible de calculer cela, mon père ?

M. Derville. — Les pêcheurs corailleurs ont intérêt à faire des observations, tu dois le deviner, mon enfant, pour s'éviter des recherches inutiles, ou pour se guider dans celles qui peuvent leur procurer de beaux produits, et, par eux, il a été possible d'obtenir des données à peu près certaines. Maintenant nous allons passer aux ma—

drépores, non moins curieux, et bien plus utiles peut-être, que le corail, aux habitants des côtes, car ils leur donnent ce que le pays refuse souvent; de la chaux excellente pour bâtir ou recrépir les maisons. »

Madrépores _ Alcyon _ Pennatule _ Éponges.

Madrépores _ Tubipores _ Coraux _ Coralline.

CHAPITRE VI.

Les madrépores. — Les méandrines. —Les pennatules. — Les alcyons. — Les éponges.

—

— «Mon père, dit Cécile qui examinait avec attention le fragment de madrépore apporté par M. Derville, est-ce que tous les madrépores se ressemblent pour la couleur et pour la forme?

M. DERVILLE. — Non, mon enfant; rien de plus variable, au contraire, pour la forme au moins. Les uns présentent de longues branches dans le genre de celle-ci, toutes garnies de branches plus menues dont chacune est l'étui au-dessus duquel s'épanouissait jadis le polype : d'autres s'étendent en larges plaques peu épaisses ; d'autres, au contraire, s'allongent en rameaux cylindriques, d'autres ont l'apparence de cornes d'élan ; mais la nature des madrépores est constamment *calcaire.* Dans les régions placées entre les tropiques, ces animaux et leurs productions multiplient d'une manière surprenante. C'est là qu'ils s'accumulent les uns sur les autres par masses considérables et qu'à la longue ces masses finissent par former des couches épaisses de pierre calcaire ; mais, auparavant, elles ont présenté des rescifs dangereux pour les navigateurs. Le travail des siècles ou du temps, si vous l'aimez mieux, amène dans les anfractuosités de ces rochers *factices*, si l'on peut s'exprimer ainsi, du sable, des débris de coquillages, de poissons, de baleines qui contribuent à consolider ces masses plus ou moins divisées, puis à les réunir en une seule, et alors quelques petites îles commencent à *pointer* à la surface des flots.

MADAME DERVILLE. — J'avais cru, jusqu'à ce jour, que les irruptions seules des volcans donnaient naissance à des terres nouvelles, tout en engloutissant les anciennes?

M. DERVILLE. — Une foule de causes, ma chère amie, concourent sans cesse à change la surface du globe, à couvrir d'eau des continents entiers et à découvrir, au contraire, des îles plus ou moins distantes les unes des autres et que de nouveaux travaux de la nature transforment tôt ou tard en continents.

CÉCILE. — Quand on pense que ce

sont des animaux tout petits qui travaillent de manière à former les fondetions de la terre ferme !.... Mon père, les polypes des madrépores sont tout jaunes, n'est-ce pas ?

M. Derville. — Le madrépore que voici et qu'on surnomme *abrotanoïde* est produit par des polypes à tentacules d'un beau jaune ; mais ceux du plus magnifique de tous, auquel on a donné le nom de *char de Neptune* à cause de l'énormité de sa taille et de sa forme remarquable ; ont passé bien longtemps pour n'avoir pas de couleur. Ils *s'évanouissaient*, disait-on, dès que le madrépore était tiré de l'eau et l'on ne trouvait plus qu'une matière visqueuse de la consistance et de la transparence du blac d'œuf, qui exhalait une odeur insupportable.

AMÉDÉE. — Alors, mon père, le polype du char de Neptune n'est peut-être qu'un seul polype de même nature que les méduses?

M. DERVILLE. — Quelque difficiles à observer que soient ces animaux, on est cependant parvenu à s'assurer que le char de Neptune , de même que tous les polypiers, est le résultat des *travaux* d'une colonie composée d'un grand nombre d'individus tenant l'un à l'autre par le prolongement de la matière gélatineuse qui forme leur substance, de telle sorte que, chez eux comme chez les polypes d'eau douce à bouquets, tels que les corinnes et les vorticelles réunis sur une seule tige, ce que l'un mange profite à tous les autres. Mais les polypes du char de Neptune, n'étendent leurs tentacules que lorsque le temps est calme ; la mer est-elle agitée, tout disparaît , et le madrépore se trouve couvert d'une pellicule mince et sans couleur, qui s'*évapore* pour ainsi dire en effet dès que le madrépore est sorti de l'eau.

MADAME DERVILLE. — Ainsi, ils ont une égide !

M. DERVILLE. — C'est cette égide que les premiers observateurs ont prise pour un seul animal, pour l'animal lui-même ; d'autres observateurs plus adroits ou plus patients sont parvenus à *voir* le char de Neptune couvert de ses habitants, et alors se sont offerts à leurs yeux, en nombre considérable, des espèces de flocons vivement et diversement colorés, ce qui les avait fait prendre d'abord pour de véritables plantes fleurissant plusieurs fois dans l'année. On

compte neuf espèces principales de madrépores ; parmi les plus remarquables
sont les méandrines : elles présentent à la
vue une surface creusée de lignes al-
longées comme le seraient des vallons
séparés par des collines sillonnées en
travers. C'est du fond des vallons que
sort le polype ; il vit seul, mais côte à
côte avec un nombre plus ou moins
grand de voisins, et si la méandrine est
bien peuplée d'habitants, de telle sorte
que leurs tentacules assez longues pour-
raient s'enchevêtrer les unes dans les
autres, au lieu d'entourer en cercle la
bouche de l'animal, ces tentacules se
divisent en deux parties égales ; alors
le polype paraît n'en avoir que *par
devant* et *par derrière*, et les voisins
vivent ainsi très-près les uns des autres
sans s'incommoder mutuellement et en
bonne intelligence. Les méandrines

fleuries sont de toute beauté par la richesse des couleurs qu'elles étalent.

CÉCILE. — Quel dommage que des choses si belles soient cachées au fond des mers!

M. DERVILLE. — On a donné des noms divers aux madrépores suivant la forme particulière sous laquelle ils se présentent; le chou de mer est encore l'un des plus remarquables ainsi que les pavonies. Mais je n'entrerai pas dans le détail des caractères au moyen desquels les naturalistes distinguent entre elles les diverses espèces; vous ne me comprendriez, mes enfants, que si je pouvais vous faire *voir* les différences qui ont servi à distinguer les familles, les genres, et je ne possède que ce seul *échantillon* de madrépore. Je préfère vous parler des polypiers nageurs. Les

corinnés et les vorticelles dont je vous
ai dit quelques mots, pourront m'aider à vous en faire prendre quelque idée.
Figurez-vous une colonie de polypes,
telle que celle qui nous est offerte par la
réunion plus ou moins nombreuse. de
polypes à panaches ou à bouquet , mais
ceux-ci sont enveloppés dans des four-
neaux pierreux ou cornés ; et vous aurez
un aperçu de ce que sont la plupart des
polypiers nageurs appelés *pennatules*.
Les polypes se rangent de telle façon que
leur agrégation présente la forme d'une
plume ; le tuyau, les barbes de la plume,
rien n'y manque, et chaque barbe est garnie des deux côtés de cellules en grand
nombre renfermant chacune un polype ;
on n'en trouve pas sur la tige ou le tuyau
qui est pierreux et d'un jaune orangé,
tandis que les barbes de la pennatule

offrent une couleur bleu ardoise plus ou moins foncée.

Amédée. — Et ce sont les polypes qui construisent les pennatules, mon père?

M. Derville. — Tout donne lieu de le présumer.

Cécile. — C'est qu'alors, comme les mollusques testacés, la liqueur qu'ils transsudent, et qui se durcit à l'air, est de diverses couleurs.

M. Derville. — On ignore entièrement de quelle manière *travaillent* les polypes de la pennatule. Peut-être la tige pierreuse, si différente des barbes pour la contexture et la couleur, est-elle le produit d'une autre espèce de polypes, et sert-elle de fondement aux travaux des fabricants de ces barbes : ce qu'il y a de certain, c'est que les pennatules, qui offrent un assez grand nombre de variétés, et qu'on trouve nageant dans les eaux de l'Océan et de la Méditerranée, sont la demeure des colonies de polypes qui voyagent de concert, et qui se meuvent d'une commune volonté, sans aucun doute, pour suivre telle ou telle direction.

MADAME DERVILLE. — Cet accord ferait supposer qu'il existe, pour eux, des moyens de se parler, ou du moins de s'entendre et de changer en volonté unique la volonté particulière de chacun des habitants de la colonie.

M. DERVILLE. — Il me paraît plus simple de supposer que cette volonté éclot simultanément chez tous les polypes d'un polypier, qui ne forment, à les bien considérer, qu'un seul corps muni d'une multitude de bouches toujours dévorant. Parmi les pennatules, la vérétille est celle chez laquelle on peut suivre le plus aisément le prolongement des intestins de chaque polype dans la tige commune, et l'union intime qui existe entre tous les polypes d'un polypier; union dont les polypes d'eau douce ont fourni aux observateurs des preuves irrécusables.

CÉCILE. — Comment cela, mon père?

M. DERVILLE. — Je crois avoir déjà parlé, ma fille, des expériences faites pour s'assurer que les animaux-plantes digèrent; on y est parvenu en leur donnant des animalcules colorés. On a vu, alors, s'opérer la digestion dans ce petit sac gélatineux, puis les sucs nourriciers se répandre par des vaisseaux jusqu'alors inaperçus, et qui serpentent, pour ainsi dire, dans les différentes parties de l'animal. Ce qu'on avait tenté pour une hydre verte, ou pour un polype gris à longs bras, on l'a tenté ensuite pour les polypes à bouquet; les sucs nourriciers extraits, par la digestion, des animalcules colorés offerts à l'avidité d'un ou de deux polypes, se sont répandus jusque dans les vaisseaux de ceux auxquels on n'avait rien donné, et l'on a pu s'assurer ainsi qu'une réunion de polypes, attachés à la même tige, est, en quelque sorte, ce que je vous disais tout à l'heure, un seul animal muni de milliers de bouches avides.

MADAME DERVILLE. — Je conçois alors l'*unité* de volonté qui pousse les pennatules dans telle direction plutôt que dans telle autre qui pourrait convenir mieux à quelques individus de la colonie, si tous n'étaient pas soumis tout natu-

rellement à une seule et même impulsion.

M. DERVILLE. — Et cette circulation
des sucs nourriciers ne te paraît-elle
pas, ma chère amie, rappeler celle qui
a lieu dans la plante?

MADAME DERVILLE. — Il est vrai.

M. DERVILLE. — Les premiers observateurs ont donc été *excusables* de prendre pour des plantes ces animaux singuliers, et le nom de *zoophytes*, ou d'a-
nimaux-plantes qu'on leur a donné plus
tard, leur est donc parfaitement ap-
proprié.

CÉCILE. — Oh! oui, sûrement!

M. DERVILLE. — Les pennatules sont
au nombre des corps phosphoriques,
qui contribuent le plus à faire paraître
la mer en feu pendant la nuit.

CÉCILE. — Que ce doit être joli ces plumes tout de feu !

M. DÉRVILLE. — On distingue difficilement, mon enfant, la forme des divers corps phosphorescents que les vagues soulèvent par milliers, et que sépare, dans sa marche, la proue du navire, ou qui tourbillonnent dans le long sillage qu'il laisse derrière lui. Mais, de leur nombre et de leur réunion, résultent des effets magiques. Les plus petits d'entre eux, les individus microscopiques portés par les flots sur les rochers, sur les plantes des rivages, y demeurent attachés ou suspendus, et les font briller d'une lueur pâle, et par moment plus vive ; un seau de cette eau lumineuse répandue sur le tillac, paraît enflammer tous les endroits qu'elle couvre, les mains qui la touchent, les vêtements qu'elle imbibe, et quand on l'analyse, ce n'est pas sans peine qu'on parvient à découvrir quelques-uns des corps organisés auxquels étaient dus en partie les brillants effets produits la veille.

AMÉDÉE. — Mon père, il me semble que la mer est encore plus riche en productions que la terre.

M. DERVILLE. — Mon fils, nous sommes bien ignorants des productions de la terre pour déclarer que la mer est plus riche.

CÉCILE. — D'ailleurs, à quoi servirait-il qu'elle le fût, puisqu'on ne peut pas descendre dans ses immenses profondeurs !

M. DERVILLE.—Encore de l'égoïsme ! Nous ne pénétrons pas bien avant dans le sein de la terre, et pourtant il n'est guère possible de douter qu'elle ne renferme bien des richesses en métaux, en cristallisations. Sur la surface, les animaux, les végétaux se montrent en assez grande abondance pour satisfaire l'imagination la plus avide. Qui peut se vanter de connaître seulement la millième partie de tant de richesses, et oser dire que les entrailles du globe ne doivent rien présenter de plus beau que ce qui nous est offert à sa surface, uniquement parce que ces spectacles, plus ou moins magiques, n'ont pas été faits pour l'œil de l'homme? Mes enfants, c'est manquer au respect dû à la Divinité, que de nier l'existence des richesses et des merveilles qui semblent n'avoir point été créées pour notre plaisir ou pour notre utilité... Mais revenons à nos polypiers nageurs. Une seule famille vient après les pennatules, c'est celle des alcyons ou alcyonées, ou alcyonelles.

CÉCILE. — Amédée, te souviens-tu que nous avons lu, l'autre jour, quelque chose sur Alcyon, dans notre mythologie?

AMÉDÉE. — Oui, ma sœur. Il y a trois Alcyons; le premier, qui fut tué par Hercule à coups de flèches; le second... ah! mais non, c'était une femme, Alcyone, femme de Ceyx, fils de Lucifer; elle fut transformée en oiseau, un oiseau appelé alcyon, et son mari aussi, à cause de leur fidélité, et quand les alcyons font leur nid sur l'eau, les tempêtes s'apaisent. Le troisième Alcyon, c'était encore un géant que Minerve jeta hors de la lune, où il s'était posté pour attaquer Jupiter.

M. DERVILLE. — L'histoire naturelle,
je vous l'ai déjà dit, mes enfants, vient,
avec ses vérités prouvées, renverser l'é-
difice brillant de la fable. Il n'y a aucun
oiseau qui niche *sur* les flots, et lors
même qu'il s'en trouverait qui ose-
raient confier à l'instabilité de la mer
l'existence de leur postérité, la mer ne
s'apaiserait pas, vous le comprenez,
pour leur donner le temps de faire leur
nid, de couver et d'élever leurs petits.
L'ignorance seule croit aux prodiges ;
l'homme instruit sait que l'univers entier, ainsi que tout ce qui le couvre,
jusqu'au plus petit brin de mousse,
jusqu'aux animalcules ou monades qui
tournent sur eux-mêmes dans une
goutte d'eau, est soumis à des lois générales et immuables dont rien ne peut
un seul moment suspendre l'action ; et
ce ne sera pas un atome, tel que l'est un

oiseau, même le plus gros, qui, en apportant quelques brins de jonc sur les vagues, fera rentrer l'Océan dans son lit. Laissons donc, croyez-moi, les fables aux Anciens; nous y reviendrons quand nous aurons besoin de nous distraire, par un peu de poésie, des réalités de la vie, et tâchons de nous borner, lorsqu'il s'agit d'instruction, à voir bien clairement, d'abord, ce qui est ou peut être.

« Les alcyons ne sont autre chose, en histoire naturelle, qu'un polypier nageur, dans lequel on ne trouve pas une seule partie pierreuse. C'est une masse, toujours gélatineuse, et qui se montre sous les formes, sous les couleurs les plus variées. Tantôt les alcyons sont arborescents, c'est-à-dire qu'ils présentent des branches, des ramifications à la manière des arbres; tantôt ils s'allongent en une main à six doigts, bien connue sous le nom de main de Neptune ; tantôt ils présentent la figure d'un champignon, ou bien celle d'une grosse bourse presque ronde, et toujours on les trouve hérissés de rosettes dont la couleur tranche avec celle du polypier. Ces rosettes, vous le devinez aisément, ne sont pas formées par autre chose que par les tentacules des polypes, habitants et fondateurs du polypier. Quelquefois on voit des alcyons former, à la surface des corps que la mer promène sans relâche, une sorte de croûte peu épaisse, d'où s'élancent, comme des fleurs sans feuilles, des milliers de polypes. C'est particulièrement sous les tropiques que les alcyons pullulent ; ils ne viennent pas à la surface des eaux ainsi que les méduses ; ils se tiennent, au contraire, à une grande profondeur, et dès qu'ils sont exposés à la lumière que ne tempère pas une masse d'eau, ils perdent leur belles couleurs.

«Voilà, mes enfants, où s'arrête l'histoire des singuliers animaux appelés polypes, qu'on trouve dans les eaux douces et dans les eaux salées. Vous voyez que leur existence tient autant de celle de l'animal que de celle de la plante ; cependant, lorsque, plus avancés dans l'étude des phénomènes que nous offre la nature, nous reviendrons, l'année prochaine, sur tout ce que nous ne faisons qu'effleurer, vous reconnaîtrez que, par leur organisation, ils se rapprochent bien davantage du règne végétal que du règne animal. Alors, aussi, vous voudrez examiner, à votre tour, ce qui a été tant de fois l'objet d'observations faites avec soin par des hommes instruits; vous aurez des polypes d'eau douce, vous répéterez des expériences mille et mille fois recommencées, et vous comprendrez bien mieux ce que vainement, aujourd'hui, je chercherais à vous expliquer.

CÉCILE. — Ainsi, voilà le règne animal fini?

M. DERVILLE. — Non, ma fille. Nous avons à nous occuper encore d'une production qui appartient évidemment à ce règne, quoique jamais on n'ait encore pu voir le *fabricant* auquel cette production est due; je veux parler des éponges.

CÉCILE. — C'est l'ouvrage des polypes, il n'y a pas de doute.

M. DERVILLE. — J'admire avec quelle assurance tu décides ce qui est en question depuis des siècles. Si encore tu avais dit : *Il me semble!.... je crois!....* Ainsi aurait parlé quelqu'un qui aurait eu ce qui te manque totalement, ma fille, de l'instruction.»

Cécile baissa la tête en devenant fort rouge.

— « D'après les observations les plus récentes, reprit M. Derville, on a lieu de supposer que l'éponge n'est point un polypier servant de demeure à une multitude de petits animaux qui l'ont, en quelque sorte, construit pour leur usage, mais qu'elle est l'animal lui-même ; animal fort singulier, plus singulier encore que les polypes. Des naturalistes on *cueilli*, on peut se servir de cette expression, des éponges *vivantes*, et s'ils ne les ont pas vues fuir à l'approche de la main qui cherche à s'en saisir, ainsi que l'ont dit les Anciens, ils se sont assurés du moins que les ouvertures nombreuses dont l'éponge est toute percée, servent à introduire l'eau de la mer ou des rivières dans l'intérieur, et que cette eau, chargée d'animalcules, quand elle entre dans l'animal, en sort, par les ouvertures opposées, chargée de ses déjections ; ainsi, il existe en lui des courants continuels, et ces courants ne cessent que lorsqu'il meurt.

MADAME DERVILLE.— Mon ami, j'ai trouvé souvent dans les éponges neuves, et particulièrement dans les plus communes, une foule de petits coquillages ; comment y sont-ils venus ? Penses-tu qu'ils aient choisi volontairement l'intérieur de l'éponge pour y établir leur demeure ?

M. DERVILLE. — C'est possible. Il

est possible aussi que le courant les
y ait apportés alors qu'ils venaient d'é-
clore, et que, retenus au passage par
quelque obstacle, ils aient grandi, gros-
si, sans pouvoir recouvrer leur liberté.
On en est réduit à des conjectures. Ce
qu'il y a seulement d'avéré, c'est que
chaque ouverture, grande ou petite, se
prolonge dans l'intérieur, et est tapis-
sée, dans toute sa longueur, d'une
membrane molle, douce et brillante ;
ce qui est non moins certain, c'est
qu'aux mois d'octobre et de novembre,
des taches d'un jaune opaque se répan-
dent sur tous les points, et ces taches,
composées de petits grains gélatineux,
ne sont autre chose que des amas d'œufs
d'éponge. Deux mois après que ces œufs
sont devenus visibles, à la loupe, ils se
détachent et montent à la surface de
l'eau. Là, ils errent lentement, paisible-

ment, et l'on peut distinguer la partie *antérieure* de la partie *postérieure*, parce que la première est munie d'une multitude de petits cils. Bientôt, cessant de s'agiter, ils se laissent couler à fond, et vont s'attacher dans un endroit abrité de la lumière. Alors ils éclosent, et, en s'unissant les uns aux autres, ils perdent leur forme allongée ; peu à peu il n'est plus possible de les distinguer, et l'éponge croît en grosseur et en largeur. Eh bien ! ma fille, nous diras-tu maintenant que, *sans aucun doute*, les éponges sont des polypiers ?

— « Oh ! non, mon père, répondit Cécile toute confuse. Désormais, je réfléchirai avant que de parler.

M. Derville. — Je t'y engage, mon enfant. Il manque aux éponges, pour être rangées dans la famille des polypes à polypiers, ce qui distingue particulièrement les radiaires, tu le sais, des tentacules entourant un orifice désigné par le nom de bouche. Ce caractère principal ne se montrant pas, les éponges n'ont point encore de rang assigné dans les classifications de l'histoire naturelle. Vous ne pouvez, l'un et l'autre, vous figurer, par les éponges que nous apporte le commerce, combien de formes bizarres prend ce singulier animal, composé, à ce qu'il paraît, d'une foule d'autres ; car chaque œuf, avant de se réunir à un autre, est, en effet, un individu bien distinct. Nous n'estimons que les éponges qui ont été surnommées *champignons;* mais il y en a qui présentent la charge d'un éventail, d'une crosse, d'une calotte, d'un manchon, d'une mitre d'évêque, d'un chapeau à trois cornes, d'un bonnet phrygien, d'un turban, d'un jeu d'orgue, d'une flûte de Pan. Le *gobelet de Neptune*, le *gant de Neptune*, le *cierge*, la *trompette de mer*, sont autant de variétés, non-seulement par la forme extérieure, mais encore par leur contexture et par la manière dont les ouvertures sont disposées ; il en est de même de l'*agaric de mer*, et de l'*éponge oursin*, toute hérissée de pointes qui la traversent de part en part, et que lient entre elles des fils très-déliés.

AMÉDÉE.—Mon père, il y a, dans les éponges neuves, une foule d'épines aussi fines que des cheveux ; je l'ai appris à mes dépens, car je m'en suis enfoncé dans les doigts plus d'une fois.

M. DERVILLE. — Ces prétendues épines sont des fibres aussi raides que fragiles, et qui servent probablement à maintenir les parties molles à la place qu'elles doivent occuper.

AMÉDÉE. — Mon père, où pêche-t-on les éponges, je te prie?

M. DERVILLE. — Dans les eaux de l'Archipel, près de l'île de Samos surtout. Les plongeurs vont quelquefois jusqu'à huit brasses de profondeur pour s'en procurer de belles. On en trouve cependant entre les rochers, dans les endroits que la mer quitte pour quelques heures à la marée descendante ; ce qui prouve encore que l'animal ou les animaux qui produisent l'éponge ou sont l'éponge elle-même, n'appartiennent point aux polypes ; vous savez que ceux-ci ne peuvent, sans mourir, être privés d'eau seulement quelques minutes.

AMÉDÉE. — Ah ! c'est vrai.

M. Derville. — Il ne faut point croire que l'éponge vivante ne soit jamais que d'une couleur fauve ou brune. On en trouve sur les côtes du Calvados qui, au sortir de l'eau, brillent d'un beau rouge ou d'un jaune vif; mais ces riches couleurs tardent peu à disparaître, et l'éponge morte n'offre plus que les nuances qui passent, d'un blanc sale et du fauve, au noir le plus foncé.

Madame Derville. — Et l'on n'a rien pu découvrir sur l'organisation de ces singuliers animaux?

M. Derville. — Non, ma chère amie, rien encore. Mais en voilà bien assez pour ce soir. Je suis fatigué; sans aucune pitié, vous me feriez volontiers parler jusqu'à demain.

Amédée. — Mon père, j'ai encore

une question à te faire , une seule, et à laquelle tu auras bientôt répondu. Les éponges sont-elles le dernier des animaux du règne animal ?

M. Derville.. — Non, mon ami, ce sont les infusoires, c'est-à-dire les animalcules qu'on trouve en si grande abondance et sous des formes si bizarres , si variées dans les eaux de pluie , de rivière, dans le vinaigre, dans la colle de farine.

Amédée. — Est-ce qu'on a pu les classer , mon père ?

M. Derville. — On en a du moins classé quelques-uns ; mais c'est bien ici le cas de répéter, avec M. Lamouroux, que : *La fécondité de la nature fatigue le naturaliste qui voudrait trouver des caractères tranchés pour distinguer des êtres qui se lient entre eux par des nuances insensibles,* surtout à nos yeux, mes enfants; parce que, pour bien voir, il faut non-seulement s'accoutumer à regarder, mais il faut encore se servir de son esprit pour réfléchir, pour comparer et pour juger. A demain les infusoires.»

CHAPITRE V.

Les infusoires. — Le microscope. —. Les gymnodés. —Les monocles.

—

Cécile éprouvait une vive impatience de savoir ce que c'était que des infusoires. Elle recourut à son dictionnaire, et du peu de mots qu'elle y trouva, elle conclut qu'on pouvait *faire* à volonté des infusoires en laissant à de l'eau le temps de se corrompre.

Enchantée de sa découverte, Cécile se hâta de la communiquer à son père dès qu'on fut réuni pour la veillée.

— « Mon enfant, répondit M. Der-

8*

ville, il n'est plus le temps où l'on croyait que de la corruption pouvait naître des animaux ou des plantes. Une de ces lois générales et immuables qui régissent l'univers, a soumis tous les êtres, soit animaux, soit végétaux, à venir tous vivants au monde ou bien à sortir d'un germe produit de leurs espèces respectives; ainsi l'oiseau, le papillon sortent de l'œuf d'un oiseau, d'un papillon de leur espèce ; l'arbre, la plante sortent d'une graine produite par l'arbre et la plante de leur espèce. Pour que l'œuf éclose, il faut qu'il soit placé dans des conditions convenables, c'est-à-dire qu'il soit couvé par la femelle ou par le soleil ; pour que la graine donne un arbre, une plante, il faut qu'elle tombe dans un lieu où se trouve de la terre végétale propre à la faire se gonfler, s'ouvrir et à la nourrir ; pourquoi donc

les infusoires seraient-ils seuls exceptés
de cette loi générale et immuable ?

AMÉDÉE. — Alors, mon père, les
germes des infusoires sont bien certainement dans l'eau ?

M. DERVILLE. — C'est probable, ou
bien ils existent sur les plantes ou dans
les plantes, ou enfin dans les graines
des plantes que mille et mille hasards
rassemblent dans les eaux dormantes.
Je pencherais plutôt à croire que l'eau
seule-les contient, mais qu'ils y restent tout-à-fait invisibles et qu'ils n'y
peuvent éclore qu'au moment où la décomposition de l'eau les place dans les
conditions nécessaires à leur développement ; et cette décomposition a toujours
lieu, quelque précaution qu'on prenne
pour en préserver celle qu'on soumet à

des expériences journalières et dont je vous parlerai quelque jour.

CÉCILE. — Mon petit père, tu vois bien pourant que mon dictionnaire a raison de dire qu'il suffit de laisser corrompre de l'eau pour avoir des infusoires.

M. DERVILLE. — Pour en *avoir*, soit, mais non pour en *faire* ; comprends-tu maintenant la valeur et la différence de ces deux mots-là ?

CÉCILE. — Oui, mon père.

AMÉDÉE. — Alors , mon père, les vers que l'on trouve dans les animaux morts....

CÉCILE. — Oh ! tais-toi, Amédée, je t'en prie !

MADAME DERVILLE. — Pourquoi ton

frère se tairait-il, ma fille ? S'il n'avait pas fait cette question, c'est moi qui l'aurais faite.

M. DERVILLE. — Pour amener une explication nécessaire à tes enfants, ma chère amie, car pour toi , tu sais fort bien ce qu'il y a à répondre à ce sujet. Vous vous rappelez , je pense , tous les deux, ce que je vous ai dit de l'odorat des insectes en général. Cet odorat les avertit non-seulement qu'à peu de distance ils trouveront une nourriture appropriée à leurs besoins , mais aussi du lieu où gît l'animal mort dont la dépouille doit servir de nid à leurs petits.

CÉCILE. — Ah ! oui, le nécrophore fossoyeur , tu sais, Amédée ?

M. DERVILLE. — Sans être aussi habile que le nécrophore fossoyeur, tous les insectes dont les larves doivent se nourrir de chair décomposée savent la découvrir et y placer les œufs d'où ces larves sortiront quand l'époque sera venue ; ceci est une chose tellement prouvée depuis plus d'un siècle, que personne ne croit aujourd'hui que ces larves soient nées de la décomposition de ces corps. Pourquoi donc, je le répète, en serait-il autrement pour les infusoires et pour les plantes qui semblent naître et pousser dans l'eau corrompue, sans qu'aucun germe, sans qu'aucune graine aient été d'abord aperçus on découverts après les recherches les plus minutieuses ? L'animal lui-même est à peine visible, au moins pour quelques espèces, par le secours du microscope donnant un grossissement de mille fois, et nous prétendrions que son germe ou son œuf nous fût visible ? Et parce qu'il ne l'est pas pour nous,

nous en nierons l'existence et nous supposerons ce monde d'atomes régis par des lois absolument en opposition aux lois générales que nous sommes obligés de reconnaître partout ailleurs ? Non, mes enfants, la matière ne peut s'organiser par la réunion de plusieurs sortes de matières; il lui faut, pour *être*, pour *exister*, un principe de vie, et ce principe, je vous le répète, ne se trouve que dans le germe produit d'un corps vivant; et ce principe de vie c'est Dieu qui l'a donné, à quelque espèce qu'appartienne la *créature* visible ou non qui rampe dans la terre ou s'agite dans les eaux, à la plante, à l'arbre qui *vit* aussi à sa manière; c'est Dieu qui l'a rendu transmissible. Quelque curieuses que soient les recherches faites par les hommes les plus savants pour suivre le rapprochement des différentes sortes de matières que produit la décomposition de l'eau, et d'où résulte, selon leurs assertions, des animaux animés du principe de vie, quiconque porte un regard autour de soi et réfléchit, ne peut douter que ce monde d'invisibles, dont l'existence fut longtemps inconnue, obéit aux mêmes lois que le monde visible.

CÉCILE. — Mon père, je ne comprends pas comment un microscope peut grossir mille fois?

M. DERVILLE. — Il me sera peut-être difficile de te l'expliquer, ma fille. Sais-tu de quoi se compose un microscope?

CÉCILE. — Non, mon père.

M. DERVILLE. — As-tu remarqué l'effet que produit une carafe remplie d'eau quand on regarde les objets au travers ?

CÉCILE. — Non, mon père.

AMÉDÉE. — Ah! par exemple! l'autre jour encore tu as fait la remarque que la nappe paraissait bien plus grosse quand on la regardait à travers la carafe et bien plus fine si on la regardait à travers le fond du verre.

CÉCILE. — Je l'avais oublié.

M. DERVILLE. — Le grossissement opéré par la carafe remplie d'eau, est ce qui a fait naître l'idée de fabriquer des lentilles convexes, c'est-à-dire des verres bombés dans le milieu et amincis sur le pourtour, de même que l'effet contraire, produit par le gobelet, a donné l'idée de fabriquer des lentilles ou verres *concaves*, c'est-à-dire creux dans ce même milieu appelé foyer ; et avec les verres convexes et concaves sont obtenues toutes les merveilles de la science désignée sous le nom d'*optique*.

AMÉDÉE. — Mon père, qui donc a inventé le microscope ?

CÉCILE. — Oh ! si mon père nous le raconte, nous ne saurons rien aujourd'hui des infusoires !

MADAME DERVILLE. — Il me semble, ma fille, que l'histoire du microscope est étroitement liée à celle des animaux que le microscope donne seul la possibilité de voir.

M. DERVILLE. — Et ceci est si vrai, que de nos jours quelques naturalistes veulent qu'on appelle du non de *microscopiques* tout ce monde d'*invisibles*, que le microscope rend *visibles*, et auquel la dénomination d'*infusoires* n'est pas toujours appliquée avec justesse, car on trouve des *invisibles* sur la terre, sur les arbres et dans les mousses, autant que dans l'eau.

CÉCILE. — Puisqu'il en est ainsi....

MADAME DERVILLE. — Tu *permets* à ton père, n'est-ce pas, de nous dire l'histoire du microscope?

M. DERVILLE. Elle ne sera pas longue d'ailleurs. On croit que deux Hollandais inventèrent chacun de leur côté, et à peu près dans le même temps, cet instrument auquel les sciences naturelles doivent beaucoup; M. Bory de Saint-Vincent nous apprend que précédemment on employait, pour grossir les objets, de petites bulles de verre remplies d'eau et à travers lesquelles on regardait.

Amédée. — Il faudra que je regarde une mouche, ou n'importe quoi, à travers la carafe.

M. Derville. — et tu auras ainsi le microscope *moyen-âge*.

Madame Derville *en riant*. — De même que les cordonniers obtiennent une carcel *moyen-âge*, en plaçant leur très-humble luminaire derrière une grosse boule de verre pleine d'eau ; par ce moyen, bien simple, ils augmentent la lumière, n'est-il pas vrai, mon ami ?

Cécile. —Eh! bien, je ne m'étais pas doutée du tout à quoi pouvait servir cette boule que j'ai remarquée bien des fois.

M. Derville. — L'usage qu'on faisait de ces boules remplies d'eau pour examiner de petits animaux, et l'effet de

grossissement qu'elles produisent, exci-
tèrent quelqu'esprit inventif, et les lentilles de verre remplacèrent peu à peu
ces loupes et ces microscopes *moyen-
âge*. Les premières lentilles demeurèrent
longtemps bien loin de la perfection où
nous les voyons parvenues aujourd'hui ;
mais, assez promptement, on imagina
d'adapter plusieurs lentilles à la suite
l'une de l'autre, et l'on obtint ainsi un
grossissement plus considérable. Je ne
vous dirai rien, mes enfants, de tous
les essais qui furent tentés avec plus ou
moins de succès pour arriver à faire
un instrument aussi parfait que le microscope l'est maintenant ; mais remar-
quez qu'en ceci, comme en toute chose,
il a fallu des siècles et les travaux per-
sévérants d'une foule d'hommes de génie ou seulement de talent, pour arriver
à un résultat auquel de nouveaux tra-

vaux ajoutent chaque jour quelque nouveau perfectionnement. Aujourd'hui, par le secours de certains microscopes, on voit les plus petits objets avec leurs moindres détails, avec leurs teintes naturelles, tels, en un mot, qu'ils sont en effet.

Amédée. — Mon père, comment est fait un microscope, je te prie ?

M. Derville. — Trois ou cinq lentilles convexes sont renfermées dans un tube de métal; c'est à travers ces lentilles qu'on regarde l'objet dont on veut voir tous les détails. S'il s'agit d'examiner des infusoires, je suppose, on les met avec la goutte d'eau qui les contient, sur un verre rond et plane appelé *porte-objet*. Le porté-objet est placé en dessous du microscope; c'est comme une espèce de petite table sur laquelle un miroir

amène et concentre les rayons du soleil,
la lumière d'une bougie, et, depuis peu,
la clarté si vive produite par la combus-
tion de deux sortes de gaz, l'oxigène et
l'hydrogène, amenés à se réunir sur un
morceau de chaux vive où ils s'enflam-
ment. Mais cette goutte d'eau, si riche
souvent en animalcules, se vaporiserait
promptement sous l'action des rayons
lumineux que le miroir lui envoie ; en
se vaporisant, elle couvrirait d'un nuage
le dernier verre du microscope et les
animalcules qu'elle contient seraient
morts avant qu'on eût eu le temps de
les observer. Pour empêcher des résul-
tats aussi nuisibles l'un que l'autre aux
travaux de l'observateur, on a imaginé
d'enfermer la goutte d'eau entre deux
morceaux de verres très-minces, et entre
lesquels il se trouve assez d'espace pour
que les animalcules puissent aller, venir.

en toute liberté, et se montrer longtemps à l'œil curieux qui veut les voir
dans toutes leurs allures.

CÉCILE. — Alors, mon père, pour
grossir plus ou moins les objets qu'on
veut voir, il faut plus ou moins de lentilles ?

M. DERVILLE. — Ce *plus ou moins*
ne va jamais au-dessous de trois, ni au-
dessus de cinq, comme je viens de te le
dire ; mais tu comprends bien, ma fille,
que l'épaisseur des lentilles, autant que
la place qu'on leur assigne, contribue
beaucoup au grossissement, et que, par
l'expérience, il a été possible de le
calculer et de le produire avec une pré-
cision mathématique. Quand nous nous
occuperons des merveilles de la *vision*
ou de la vue, et de celles produites
par l'optique, nous examinerons plus

attentivement le microscope, et nous
arriverons à comprendre la cause des
divers grossissements qu'il produit.

CÉCILE. — Et alors nous en aurons
un, n'est-ce pas, mon père ?

M. DERVILLE. — Je compte m'en procurer un bon lors du premier voyage
que je ferai à Paris.

CÉCILE. — Oh ! quel bonheur !

M. DERVILLE. — En attendant, revenons aux infusoires dont le savant da-
nois, Muller, a figuré, dans son bel ouvrage , trois cent soixante-dix espèces
appartenant à l'eau douce et à l'eau de
mer.

MADAME DERVILLE. — Trois cent
soixante-dix espèces ! Que de richesses
invisibles et que de sujets encore d'admirer la toute-puissance du Créateur !

M. Derville. — Oui, assurément, ma chère amie, car on trouve en eux non-seulement le mouvement, mais la volonté ; par conséquent, les organes propres aux mouvements et à la volonté, de même qu'à son exécution, doivent exister sans nul doute, mais dans des proportions si étonnamment petites, que l'esprit en demeure confondu.

Cécile. — Mon père, ils ont de l'instinct aussi ?

M. Derville. — Tu dois bien le penser, mon enfant. Quel être sur la terre, excepté celui que diverses circonstances empêchent d'arriver à son entier développement, en est jamais privé ! Mais cet instinct est des plus bornés chez des animaux placés par leur organisation au dernier échelon de l'animalité. Les gymnodes, par exemple, ne paraissent être autre chose que de la matière muqueuse dans laquelle se trouvent renfermés des globules d'air, ordinairement désignés par les naturalistes sous le nom de *corpuscules hyalins*. Sans cesse en mouvement, ces êtres singuliers vont, viennent, évitent les obstacles qu'on leur oppose, changent à leur bon plaisir de direction, et savent fort· bien choisir à mesure que l'eau s'évapore, les endroits où, étant plus abondante, elle ne sera pas tarie aussi promptement que partout ailleurs ; ils préfèrent l'ombre à une lumière trop vive ; enfin ils donnent mille et mille preuves d'instinct, de volonté et d'une habileté, dans l'art de la natation , d'autant plus étonnante pour nous, qu'il n'a pas été possible de découvrir par quels moyens ils se meuvent et nagent dans toutes les directions.

Madame Derville. — Te rappelles-tu, Amédée, ces petites bêtes que tu as trouvées, l'année dernière, dans ton verre, et que tu étais si étonné de voir courir dans l'eau?

Amédée. — Oh! pour celles-là, maman, on pouvait bien savoir avec quoi et comment elles nageaient; leurs pattes étaient très-visibles, et elles portaient sur la tête de longs filets avec un point noir si brillant qu'on aurait dit du jais.

Cécile. — Ah! pourquoi ne me les as-tu pas montrées, mon frère, ces petites bêtes?

Amédée. — Parce que, dans ce temps-là, tu ne songeais pas, ni moi non plus, qu'il pouvait y avoir quelque chose d'intéressant dans l'histoire naturelle; et puis tu avais bu de cette même eau qui

se trouvait dans mon verre, et tu te se-
rais cru empoisonnée.

M. Derville. — Je présume que ces
animaux étaient des monocles, sorte de
testacés, pour ainsi dire, dans la classe
des infusoires, car ils sont munis d'un
test ou coquille qui les enveloppe tantôt entièrement, tantôt à moitié, et qui
leur donne les formes les plus bizarres.
La famille des monocles est une de celles qui on été le plus soigneusement
observées. Par elle, nous pouvons prendre une idée de ce qui se passe chez
la plupart des infusoires soumis, comme tous les insectes connus, aux lois
d'une métamorphose partielle ou complète, ou bien à des mues successives
qui changent ou altèrent, en tout ou en
partie, la forme que présentait l'animal
à sa sortie de l'œuf.

CÉCILE. — Mais, mon Dieu, comment font-ils pour muer, ces pauvres petits animaux invisibles ?

AMÉDÉE. — Oh ! les monocles ne sont pas invisibles ! Il y en avait même d'as-sez gros dans mon verre.

CÉCILE. — Et comment y étaient-ils venus ?

AMÉDÉE. — J'avais pris de l'eau à la fontaine du côté où elle n'est pas filtrée.

CÉCILE. — Alors c'était dans la fontaine que se trouvait le nid.

M. DERVILLE. — Les monocles, pas plus que les autres infusoires, ne *ni-chent* pas, mon enfant. Les femelles por-tent leurs œufs avec elles, retenus à la partie inférieure du corps sous la forme de deux grosses grappes. Quand le mo-

ment est venu, ces œufs se détachent les
uns des autres, comme se détachent les
graines des plantes ; ils tombent au fond
de l'eau, et un petit animal , de forme
presque sphérique, en sort. Peu à peu
paraissent les pattes de ce petit citoyen
déja aussi actif, aussi bougeant que père
et mère, et tenant, comme eux, de la race
des cyclopes, puisqu'il ne possède qu'un
œil.

AMÉDÉE. — Mon père, je remarque
une chose, c'est que les fables de la mythologie ont pour tant.... quelque....
oui, quelque ressemblance avec les phénomènes du règne animal.

CÉCILE. — Ah ! oui, c'est vrai. L'hydre verte, par exemple! Mais cela ne
se ressemble pas absolument ; car l'hydre de Lerne était une monstrueuse
bête ; on n'avait pas besoin de loupe,

ni de microscope pour la voir, tandis que l'hydre verte..... et voilà que les cyclopes, ces géants qui forgeaient le fer avec Vulcain, ne sont que des..... infusoires..... des.... animalcules!....

Amédée. — Sans doute, et pourtant cela n'empêche pas qu'il y a dans la nature des êtres qui n'ont qu'un œil, et d'autres, dont on peut couper toutes les têtes pour les faire repousser ; c'est cela que je remarque, ma sœur.

M. Derville. — Et tu as raison, mon fils. L'imagination poétique et grandiose des anciens Grecs, a su tirer parti, comme tu le vois, et comme tu le dis, des phénomènes de l'histoire naturelle connus ou devinés par un petit nombre d'adeptes, pour composer sa religion, appelée mythologie, de fables plus ou moins ingénieuses, et plus où moins rapprochées de la vérité ; mais quelques-unes ont été fondées sur de graves erreurs dans tous les genres ; c'est ce que nous examinerons quelque jour. Revenons aux cyclopes en miniature, qui ne font autre chose, toute leur vie, que battre l'eau pour établir des courants auxquels les plus jeunes doivent de servir de pâture à leur propre mère.

Cécile — Ah ! les monstres de mères ! elles mangent leurs enfants ?

M. Derville. — Bien contre leur gré, j'en suis convaincu. Mais l'industrie de ces petits animaux étant, je viens de te le dire, de faire tourbillonner l'eau, afin d'attirer à leur bouche les autres animalcules dont ils se nourrissent, les nouveau-nés se trouvent entraînés et dans le tourbillon, et dans la bouche toujours prête à avaler; c'est ainsi qu'ils deviennent la proie de leur mère.

CÉCILE. — Si j'étais monocle , je me tiendrais bien loin, bien loin du tour-billon.

— « Ce ne serait pas facile si tu étais dans un verre d'eau , répondit en riant M. Derville.

— « Prends garde, voilà maman qui t'entraîne dans le sien ! s'écria Amédée.

— « Oh ! je n'ai pas peur, c'est pour m'embrasser, répondit Cécile qui se jeta dans les bras que sa mère agitait autour d'elle, mais à quelque distance.

— « Où en étions-nous des jeunes monocles ? Demanda madame Derville , après avoir répondu aux caresses de sa fille. J'admire la patience de votre père , car vous l'interrompez à chaque instant.

Cécile. — Nous en étions à la sortie de l'œuf.

Amédée. — Les pattes commençaient à pousser.

M. Derville. — Au bout de dix-neuf à vingt jours, a lieu la première mue, qui s'annonce par l'immobilité de ces petits animaux, d'ordinaire si bougeants. Ils s'attachent aux parois du verre dans lequel on les retient, et probablement à quelque caillou, à quelque plante aquatique, quand ils sont en liberté. Le travail de la mue paraît les fatiguer beaucoup.

Cécile. — C'est comme les crustacés ; et sans doute aussi, mon père, leur test, leur enveloppe, leur coquille nouvelle est tout-à-fait molle ?

M. DERVILLE. —C'est probable. Après la première mue, ces petits animaux se montrent *possesseurs* d'une queue. Ils sont alors presque deux fois plus gros qu'ils ne l'étaient précédemment. C'est après la troisième mue seulement qu'ils arrivent à leur forme la plus complète; les uns avec des pattes, les autres sans pattes, mais tous armés d'antennes qui forment comme autant de panaches en fils déliés, et avec un œil plus brillant qu'une escarboucle. Bientôt paraissent les grappes d'œufs, et les mêmes phénomènes se reproduisent chez chacun des petits nouvellement éclos.

MADAME DERVILLE. — J'ai entendu dire, dans mon jeune temps, que les animalcules qui coulent des gouttières avec l'eau de la pluie par les temps d'orage, ne meurent pas lorsque , par hàsard, ils restent à sec dans ces mêmes gouttières, et qu'une pluie nouvelle suffit pour les rappeler à la vie.

M. Derville. — Je ne me prononcerai ni pour, ni contre sur une question qui a excité de vifs débats entre les naturalistes ; mais si nous consultons seulement le bon sens, nous refuserons, je crois, la possibilité de vivre sans eau, ou du moins de ne point mourir, à des animaux auxquels il faut de l'eau pour exister.

Cécile. — Mais, mon père, puisqu'on les voit revivre !

M. Derville. — N'allons pas si vite ; tout à l'heure, *en allant vite*, nous trouvions qu'il était possible de *faire* des infusoires ; maintenant nous comprenons que cette prétendue *fabrica-*

tion est au moins douteuse ; prenons le temps d'examiner la *prétendue* résurrection des infusoires. Je suppose que quelques animaux puissent ne pas mourir pendant un certäïn temps, lorsqu'ils sont hors de leur élément ; ce temps doit avoir une durée plus ou moins longue, tu en conviendras, ma fille.

CÉCILE.—Oui, sûrement, mon père ; cela va sans dire.

M. DERVILLE. — Eh bien ! en supposant qu'un second orage vînt seulement après que quelques heures auraient suffi pour dessécher complétement toits et gouttières, crois-tu que des animaux qui ne peuvent vivre, au plus, vingt minutes hors de l'eau, ressusciteraient au bout d'une heure, de deux heures, de trois, de quatre heures ?

Cécile. — Bien certainement non, mon père.

M. Derville. — Et cependant, certaines gens, dans leur amour du merveilleux, prétendent qu'au bout de deux mois, de trois mois, les infusoires, si *célèbres* sous les noms de *volvoces* et de *rotifères*, ressuscitent dans la poussière desséchée des gouttières, dès que celle-ci est arrosée par une pluie d'orage.

Amédée. — Mon père, je pense une chose ; ce ne sont pas les mêmes volvoces ni les mêmes rotifères, probablement, mais les petits nouvellement éclos des œufs qui sont restés là après le premier orage.

M. Derville. — C'est possible. Dans ce qui ne contrarie ni le plus simple bon sens, ni la connaissance acquise de

ces lois immuables et universelles auxquelles tout ce qui respire est soumis,
il faut douter, examiner, mais non pas
croire aveuglément ce qui plaît à l'i-
magination par une apparence de merveilleux, ni le rejeter absolument comme
une erreur. Des expériences récemment
faites, sembleraient prouver que les
œufs des animaux aquatiques et des
microscopiques, en particulier, ne peuvent se conserver comme ceux des gallinacés et des oiseaux qu'il est possible
encore de faire couver et produire après
un laps de temps assez long ; mais rien
n'étant encore décidé à ce sujet, nous
nous abstiendrons d'établir un *système*,
et nous nous contenterons de dire qu'il
n'est pas plus probable qu'un infusoire,
tué par la sécheresse, depuis, non pas
des mois, mais depuis deux heures,
ressuscite, si on le couvre d'eau, qu'il

n'est probable qu'*autrefois* le phénix renaissait de ses cendres, et que la salamandre vivait dans le feu. Le temps, mes enfants, est un grand maître, a dit un de nos plus éloquents écrivains. Rien n'est plus vrai ; car lui seul éclaire les hommes ; lui seul leur donne des enseignements que lui seul fortifie par les expériences et les travaux des hommes des siècles passés, s'unissant aux travaux et aux expériences des hommes des siècles modernes.

CÉCILE. — Mon père, une idée qui me vient ! Veux-tu que je te la dise ?

M. DERVILLE *en riant.* — Sans nul doute. J'aime beaucoup qu'on ait des idées.

CÉCILE. — Puisque les monocles ressemblent tant aux crustacés, d'après

ce que tu viens de nous dire ; car , enfin , ils ont une peau dure , une écaille ,
comme eux , et ils changent de peau tout
comme eux aussi , j'ai donc l'idée que
s'ils perdent leurs pattes ou leurs antennes, tout cela peut leur repousser.

M. DERVILLE. — Un savant naturaliste a eu aussi, lui, cette *idée ;* il a tenté
des expériences qui n'ont produit aucun résultat décisif. Chez les uns , l'am-
putation de la patte , de l'antenne ont
fait beaucoup souffrir l'animal, mais ni
l'un ni l'autre n'a repoussé et la mue n'a
pas eu lieu ; chez une femelle, la mue
s'est faite , mais péniblement, difficilement, et l'antenne amputée a reparu
tout entière.

AMÉDÉE. — Ah ! par exemple, je se-
rais curieux de savoir quels ciseaux as-

sez fins on a pu trouver , pour exécuter une opération de ce genre.

M. DERVILLE. — Rien ne manque, mon fils, à qui sait vouloir. Tu seras bien plus étonné encore quand tu sauras qu'on est parvenu à faire si complétement , avec le secours du microscope, l'anatomie des microscopiques les plus *invisibles* à la loupe , qu'on a pu s'assurer que chez les uns existe un *cœur d'essai*, pour ainsi dire ; un rudiment de cœur, si tu l'aimes mieux, qui exécute les mouvements de systole et de diastole ; que chez ceux-là, il y a des veines, des artères, du sang coloré ; que chez d'autres, se montre le système nerveux, et que, chez tous, s'exécutent, par les mêmes pruicipes , les fonctions premières de la digestion, qui consistent dans la décomposition des corps

par l'action des sucs gastriques, et dans
leur trituration par leur ballottement
de bas en haut, de haut en bas, qu'on
appelle *mouvement péristaltique*. On a
découvert, également, qu'il en est d'autres qui n'ont ni cœur réel, ni rudiment de cœur, ni bouche, ni estomac,
et qui vivent cependant.

CÉCILE. — Et comment font-ils donc,
mon père, ces pauvres animaux ?

M. DERVILLE. — On conjecture, et,
avec quelque apparence de raison, qu'ils
vivent par l'absorption du liquide dans
lequel ils se développent. Ainsi, les
pores ne servent pas seulement chez eux
à la fonction à laquelle nous les regar-
dons comme presque uniquement destinés à secréter la transpiration ; ils
servent probablement aussi à pomper
les sucs nourriciers de l'élément dans

lequel la nature a fait naître ces petits animaux. Quelque avancées que soient aujourd'hui les sciences naturelles, bien des découvertes resteront encore à faire pour les siècles à venir, et je ne crois pas que l'époque arrive jamais où l'homme pourra se vanter d'avoir *tout* vu où de *tout* connaître.

CÉCILE. — Alors, mon père, à quoi sert-il d'apprendre?

AMÉDÉE. — Tu es bonne, ma sœur! Mais quand ce ne serait que pour s'amuser! Moi, rien ne m'amuse comme nos entretiens, et quand nous aurons des loupes et un microscope, je m'amuserai encore davantage.

CÉCILE. — Et moi aussi, parce que je pourrai voir.

AMÉDÉE. — Mon père, tu vas nous

raconter l'histoire des volvoces et des rotifères , n'est-ce pas?

M. DERVILLE. — Oui, mon fils , mais je ne peux passer sous silence quelques infusoires appelés *citharoïdes* parce qu'ils sont munis de cirrhes tantôt à la tête, tantôt à la queue. Vous savez, l'un et l'autre, ce que c'est que des cirrhes?

CÉCILE. — Oui, oui. Ce sont des... choses..... semblables aux bras des polypes.

AMÉDÉE. — On dirait des fils tortillés en spirale comme les attaches de la vigne, n'est-ce pas , mon père?

M. DERVILLE. — C'est cela même. Au nombre de ces citharoïdes se trouve un genre curieux par sa forme au moins ; au fond d'un petit test ou d'une écaille transparente comme le cristal, est logé

un petit animal armé de deux faisceaux
de cirrhes , l'un à la partie antérieure ,
l'autre à la partie supérieure; il s'en sert
tantôt pour nager , tantôt pour marcher. S'il s'attache à quelque plante
aquatique , il retire ses cirrhes en de-
dans ; on le prendrait alors pour un
petit bouton de coccus. Viennent ensuite les gygès au corps globuleux enfer-
mé dans une espèce de poche transparente au milieu de laquelle l'animal se
trouve toujours, dans quelque position
qu'on le mette, et qui forme autour de
lui une espèce d'anneau diaphane; puis
les hirondinelles, qui ont la forme bizarre
des cerfs volants de papier que vous
prenez tous les deux tant de plaisir à
faire voltiger dans les airs ; les cratéri-
nes au corps vide ; on dirait l'enveloppe vivante d'un animal disparu de cette
enveloppe, ou bien une coupe formée

de molécules rondes placées en long
comme les côtes de melon, et présentant
en même temps des rangées circulaires.

CÉCILE. — Mon père, est-ce que l'on
trouve des infusoires absolument dans
toutes les eaux ?

M. DERVILLE. — Non, mon enfant,
pas dans les eaux vives ou de source.
Les eaux douces et peu courantes en
contiennent beaucoup d'espèces variées ;
les eaux dans lesquelles poussent et in-
fusent des plantes, en renferment davantage d'espèces non moins variées,
suivant la qualité des plantes surtout ;
ainsi de l'eau dans laquelle on laisse
tremper du céleri, par exemple, don-
nera d'autres infusoires que l'eau ordinaire.

CÉCILE. — Eh ! bien, nous ferons des
infusions de céleri.

AMÉDÉE. — Je vois maintenant que les argyronètes, au fond de l'eau, ne manquent pas de gibier.

— « Les argyronètes! qu'est-ce que c'est donc ? s'écria Cécile étourdiment. Tout-à-coup elle devint fort rouge, et elle ajouta : Je le sais ! voilà que je m'en souviens ! c'est une araignée aquatique. »

CHAPITRE VI.

Les rotifères. — Les volvoces. — Les monades.
—Les conferves. — Les zoocarpes. —Récapi-
tulation.

—

Le silence se prolongea assez longtemps pour que Cécile se sentit embar-
rassée. Son père était mécontent, elle le
sentait, elle venait de prouver combien
peu elle retenait ce qu'il mettait tant
de soins à lui enseigner.

— Mon père, dit-elle en hésitant,
gronde-moi je t'en prie. J'aime mieux
cela que ton silence!» Et ses yeux se
remplirent de larmes.

— «Nous verrons à la fin de la veillée, répondit M. Derville, jusqu'à quel point tu mérites d'être *grondée*. Si toutes les peines que je me suis données jusqu'à ce jour pour vous enseigner quelque chose, à toi et à ton frère, en fait d'histoire naturelle, sont absolument perdues, j'avoue que je me sentirai tout-à-fait découragé.

— « Mon père, elles ne le seront pas, tu verras ! s'écria Cécile tout émue.

— « Je l'espère, reprit M. Derville. Achevons ce qui reste encore à dire au sujet de quelques microscopiques ; je vous adresserai ensuite des questions à tous les deux sur ce dont noûs nous sommes occupés jusqu'à aujourd'hui. La manière dont vous répondrez l'un et l'autre, m'apprendra si je dois continuer ces entretiens, et vous parler du règne végétal et du règne minéral, comme c'était mon intention. Où en étais-je ?

— « Aux rotifères.

— « Aux volvoces, répondirent ensemble le frère et la sœur.

M. DERVILLE. — Les rotifères appartiennent à ceux des microscopiques qui ont un *rudiment* de cœur et par conséquent chez lesquels s'opère une circulation complète. Ce sont des animaux fort singuliers et de formes très-bizarres. On en compte plusieurs espèces. Munis d'une espèce de tête, celle-ci se divise en plusieurs lobes ou parties dont chacune est entourée de cirrhes *vibratiles* ou mobiles au plus haut degré. A la volonté de l'animal, ces cirrhes présentent l'apparence de véritables roues tournant avec rapidité et dont il se sert pour faire tourbillonner l'eau ; de là le nom de rotifère qui lui fut donné par ses premiers observateurs.

CÉCILE. — Mon père, il fait ainsi tourbillonner l'eau pour amener à sa bouche les animalcules dont il se nourrit, n'est-ce pas, comme tous les animaux radiés ?

M. DERVILLE. — Oui, ma fille, et cette bouche est un véritable gouffre toujours ouvert, toujours béant. Mais les naturalistes modernes ont eu l'idée que ces cirrhes, ces roues si actives dans leurs évolutions, pouvaient bien avoir une autre destination encore. Quand on a examiné avec quelqu'attention les animaux si variés qui se trouvent munis de branchies, on ne s'étonne plus des figures bizarres que ces branchies affectent dans certaines espèces, et l'on est conduit à présumer que ce qui n'est que tentacules chez les polypes, peut bien être branchies chez les rotifères ; surtout lorsqu'on se rappelle celle de quelques nymphes, des éphémères, par exemple, que d'abord on avait prises simplement pour des rames. On croit donc aujourd'hui que les roues des rotifères sont, à la fois, et leurs tentacules et leurs branchies, et que le sang y est amené, comme chez tous les animaux branchiaux, pour y subir l'action de l'air.

MADAME DERVILLE. — Mon ami, les rotifères sont-ils visibles à l'œil nu ?

M. DERVILLE. — A peine.

MADAME DERVILLE. — Mes enfants, vous figurez-vous ce que doivent être les *vaisseaux* qui amènent le sang dans les branchies des rotifères ?

AMÉDÉE. — Il doivent être petits....
mais petits au delà de ce qu'on peut se
figurer !

M. DERVILLE. — Oui, au delà de ce
qu'on peut se figurer en effet, puisque,
dans les ouies des poissons ils sont *capillaires*, c'est-à-dire de la grosseur d'un
cheveu.

MADAME DERVILLE. — Que de sujets
d'admiration nous offre l'Auteur de
l'univers jusque dans ses plus petits ouvrages !

M. DERVILLE. — Les rotifères sont
du nombre des microscopiques auxquels l'ignorance a attribué la faculté
merveilleuse de la résurrection dans les
gouttières par une pluie d'orage. Des
expériences nombreuses ont été faites
avec le plus grand soin, par des obser-

valeurs exercés ; et l'on ne croit plus aujourd'hui que des animaux qui ne peuvent vivre que peu de minutes hors de l'eau, reviennent à la vie après quelques mois passés dans la poussière ; seulement on doit croire que leurs ovules peuvent éclore et se développer, comme il arrive pour une foule d'autres animalcules, lorsque revient la saison des pluies. Les naturalistes comptent cinq espèces de rotifères. Quand nous aurons un microscope, nous tâcherons de nous en procurer ; ce qui est facile, car ils abondent dans les fosses où croit la lenticule d'eau, si favorable au développement des microscopiques.

Cécile. — Mais alors, mon père, comment s'en trouve-t-il sur les toits et dans les gouttières ?

M. Derville. — Peut-être faudrait-il

demander plutôt comment il s'en trouve dans l'eau de la pluie ; ou bien, si ce n'est pas le vent qui enlève des lenticules desséchées, et qui les transporte bien loin du lieu où elles ont pris naissance avec des ovules attachés à des portions de cette plante, ou à la plante entière ? Si l'on pouvait éclaircir ce point curieux, mes enfants, on saurait à quoi s'en tenir sur les pluies de crapauds, de crustacés et de petits poissons que les savants nient, et qu'une foule de gens prétendent avoir vu tomber et même avoir réçues.

Amédée. — Ah ! c'est vrai, mon père ; et je voulais t'en parler....

Cécile. — Et moi aussi. Dernièrement encore dans le journal de maman....

M. Derville. — Ne nous laissons point détourner du sujet qui nous occupe par un autre trop important pour être traité *en passant* ; mais reconnaissons, mes enfants, la vérité de ce que je vous disais tout à l'heure, qu'un grand nombre de phénomènes ont échappé, jusqu'à ce jour, à l'avide curiosité de l'homme, et qu'il y a encore beaucoup à apprendre. Disons un mot des volvoces, des monades, puis je vous parlerai des conferves, véritable animal-plante bien singulier ; c'est, en quelque sorte, le dernier anneau de la chaîne qui lie le règne animal au règne végétal.

Cécile. — Mon père, veux-tu me permettre de te dire une chose à laquelle je pense ?

M. Derville. — Dis, mon enfant..

CÉCILE. — C'est qn'il me paraît qu'il
y a, comme cela, une chaîne des anneaux
qui lient les espèces comme les règnes.
Tu nous l'as dit, je m'en souviens bien,
à propos des reptiles qui viennent avant
les poissons.

M. DERVILLE. — Ces anneaux et cette
chaîne, ma fille, sont fictifs, tu le penses
bien, de même qu'elles sont fictives les
lignes de l'équateur et du méridien que
nous offre le *globe terrestre en carton*.
L'homme a besoin de ces jalons qu'il
suppose, pour ne point se perdre dans
l'immensité de l'univers et dans les mil-
liards d'animaux qui peuplent le monde
connu ; tu le comprends, n'est-ce pas?

CÉCILE. — Oh ! oui, mon père. C'est
une manière de parler, voilà tout.

M. DERVILLE. — Sans doute ; mais

une manière de parler qui satisfait la raison, parce que les points de repos, ainsi choisis par l'homme, ne l'ont pas été à la légère ; parce que ce choix a pour base des faits et non le caprice et l'arbitraire. Revenons aux volvoces. Le volvoce n'est autre chose qu'un assem-blage d'une infinité de globules de toutes les tailles, et assez semblables aux bulles que présente la salive. De cet assemblage résulte une petite boule où les globules intérieurs s'agitent en divers sens, dans une espèce de sac transparent, tandis que la masse entière tourne lentement sur elle-même, ou se balance de droite à gauche.

AMÉDÉE.—Et cela forme un animal ?

M. DERVILLE. — *Cela*, comme tu le dis, mon fils, forme une agrégation d'animaux, très-probablement, et d'ani-

11*

maux doués de la faculté de se reproduire
d'une manière qui rappelle celle des
polypes à cloches ou à bouquets ; puisque une de ces molécules, détachée de
la boule ou peloton, nage d'abord isolément, et finit par produire à elle seule
une agrégation semblable à celle dont,
une ou deux heures auparavant, elle
faisait partie.

Cécile. — Mais, mon père, ils ont
donc ce qu'il faut pour nager ?

M. Derville. — Sans nul doute ; et
nul doute aussi qu'ils ne vivent, qu'ils
n'aient même une *volonté*, puisque tout
le mouvement qu'ils se donnent, à l'intérieur de leur sac, semble n'avoir d'autre but que de se détacher de la masse
commune, pour conquérir une liberté
dont ils sont presque aussitôt privés par
la formation, autour d'eux, d'une autre

famille et d'un autre sac où ils se retrouvent captifs. Nous en *pêcherons* tant que vous voudrez, dans les eaux corrompues de la mare du voisin.

AMÉDÉE. — Cécile n'y viendra pas regarder, j'en suis sûr.

CÉCILE. — Pourquoi donc, monsieur mon frère? Oh! je commence à m'accoutumer à penser à une foule de choses qui, autrefois, me dégoûtaient beaucoup.

M. DERVILLE. — Après les volvoces, les naturalistes placent les monades. Pour celles-ci, elles vivent seules, ainsi que leur nom l'indique clairement. Ce sont aussi des molécules, des atomes organisés, pour la plupart invisibles à l'œil nu, mais douées d'une activité telle, qu'on les voit, à l'aide d'une forte loupe, rouler et rouler sans relâche, les unes séparément, les autres en tourbillons, avec leurs compagnes. Il en paraît soudainement des myriades dans les infusions de substances animales et végétales. L'année prochaine, nous serons plus capables de comprendre les divisions établies par les naturalistes entre les espèces de ces invisibles; parce que nous aurons fait usage du microscope, en même temps que nous aurons étudié, et nous ferons connaissance, avec les *anguilles* du vinaigre et de la colle de pâte que nous nous bornerons à nommer aujourd'hui, seulement *pour mémoire*. Passons aux conferves maintenant; leur histoire est fort curieuse, et vous prouvera, mes enfants, combien, avant de décider qu'une chose est ou n'est pas, il faut examiner, observer, et chercher partout des lumières. **Pline**, le

naturaliste, est le premier qui ait observé la conferve, plante aquatique et
marine, qui se mêle aux autres plantes
d'eau douce sur le bord des fleuves, et
aux algues sur les côtes de l'Océan. Il en
parle comme d'un remède souverain
pour la guérison des fractures, et ce
préjugé se répandit si bien de son temps,
qu'on allait jusqu'à soutenir que la conferve pouvait *ressouder* une branche
cassée, tout comme cicatriser les bles-
sures des animaux; de là le nom de
conferve, qui lui fut donné, et qui signifie *souder*, *consolider*. Vers la fin du
siècle dernier, un naturaliste célèbre,
M. Bory de Saint-Vincent, conçut le premier l'idée que toutes les conferves pouvaient bien n'être pas des plantes. Avant
de vous rapporter son propre récit,
qui est fort intéressant, je dois vous
dire que la conferve se compose de fila-

ments creux dont l'enveloppe transparente renferme un tube de couleur verte. Ce tube intérieur ne se continue pas tout du long du filament ou de la branche ; un espace sans couleur et transparent divise chaque branche par parties , et offre comme une articulation qui contribue à rendre toute la plante très-flexible. Faites attention, mes enfants ; c'est à présent M. Bory de Saint-Vincent qui parle : « A force d'élever des conferves « dans des vases, pour suivre les pro- « grès de leurs développements ou de « leur destruction, et de construire de « petites mares factices pour perpétuer « de tels êtres, nous acquîmes la certi-- « tude que plusieurs espèces se déco- « loraient en se désorganisant par la « disjonction des articles de leurs fila- « ments, au point où les cloisons les « coupent, et qu'elles le faisaient en

« proportion du nombre des animal-
« cules verts qui se retrouvait toujours
« pareil dans les vases lorsque les mê-
» mes espèces de conferves y étaient mi-
« ses en expérience. »

CÉCILE. — Je te demande pardon,
mon père, mais c'est que je ne comprends pas.

AMÉDÉE. — Je vais t'expliquer cela,
ma sœur. Tu vois bien, une conferve a
deux branches, je suppose ; chaque branche a dix à douze articulations, n'est-ce
pas ? Eh bien ! quand ces articulations se
séparent, ce sont dix à douze, ou plutôt,
vingt à vingt-quatre animalcules qu'on
trouve contre les bords du vase ; n'est-ce
pas, mon père ?

M. DERVILLE. — C'est possible.

CÉCILE. — Alors, il y a un animal-
cule dans chaque articulation ?

M. Derville. — La suite nous l'apprendra. Je reprends le *récit* du *récit* de M. Bory de Saint-Vincent. «Ce point était « constaté pour nous quand nous dé- « couvrîmes qu'à certaines époques, les « animalcules tombés, comme engour- « dis, au fond des vases, ou s'étant « fixés sur quelques corps inondés, des « filaments, d'abord presqu'invisibles, « se développaient de toute part, et « que ces filaments ayant formé des « masses floconneuses de conferves pa- « reilles à celles que nous avions vu se « détruire, l'état de vigueur de celles- « ci alternait avec l'apparition des ani- « malcules souvent nombreux au point « que l'eau s'en teignait, ou du moins « qu'il se formait, par leur multitude « pressée, des lisières de la teinte la « plus aimable, passant au foncé sur « les limites de cette eau. »

Cécile. — Tu vois bien alors, Amédée, qu'il y avait plus d'animalcules que la plante n'avait d'articulations, n'est-ce pas, mon père?

M. Derville. — Prenons patience et continuons d'écouter M. Bory de Saint-Vincent. « La végétation alternait « avec la vie, nous n'en trouvions pas « davantage, et nous n'avions garde « d'en conclure que les conferves s'é-« taient dissoutes en animalcules, ni « que les animalculés s'étaient subor-« donnés les uns aux autres pour for-« mer des filaments en renonçant à « leur liberté individuelle.... C'est seu-« lement au mois d'août 1817 que nous « vîmes enfin nos animalcules rompant « les cloisons où, d'abord captifs, ils « s'étaient présentés intérieurement sous » forme de chapelet. »

CÉCILE. — Ah ! maintenant je comprends ! Ce tuyau vert renfermé dans le tuyau transparent, est tout composé d'animalcules ronds et creux comme des perles. Que je suis contente de savoir cela ! Alors, Amédée, tu vois bien qu'il y a bien plus d'animalcules que tu ne disais.

M. DERVILLE. — M. Bory de Saint-Vincent poursuit ainsi : « Nous les vî-
« mes, avec un transport de surprise, se
« dégager de leur enveloppe et nager en
« liberté. »

AMÉDÉE. — Oh! je conçois que ces messieurs durent être bien contents, après tant de recherches !

M. DERVILLE — Sans aucun doute, mon fils. Mais ayant changé de séjour, ils ne purent retrouver la même espèce de conferves qui leur avait fourni l'occasion de découvertes si curieuses , et ces messieurs retombèrent dans le doute, jusqu'au moment où cette espèce s'offrit à eux dans le bassin d'un jardin de Bruxelles. Plus tard étant retournés dans les environs de Liége , ils purent se la procurer de nouveau.

CÉCILE. — Mon père , toutes les conferves ne sont donc pas des animaux-plantes ?

M. DERVILLE. — Je viens de te le dire assez clairement en te parlant de la difficulté de se procurer celle de leur espèce qui présente ces étonnants phénomènes. De nouvelles expériences ayant prouvé à M. Bory de Saint-Vincent et à son compagnon qu'ils n'avaient point été dupes d'une illusion d'optique, ils *créèrent*, selon l'expression consacrée, le genre des *zoocarpes*, pour *désigner certaines semences qui jouissent d'une vie animale très-prononcée, et qui, de la condition d'inertie où elles étaient bornées tant qu'elles faisaient partie du tube végétant qui les contenait, passaient à la condition de petites bêtes douées de mouvements où l'on reconnaissait le résultat de volontés bien prononcées.*

CÉCILE. — Il me semble, mon père, qu'on devrait faire des contes de fées avec de l'histoire naturelle ! Ce serait amusant et instructif tout ensemble.

AMÉDÉE. — Oh ! moi, je préfère l'histoire naturelle toute simple, telle qu'elle est. Songe donc, ma sœur, quel travail ce serait de débrouiller le faux du vrai ! Pour cela, il faudrait être très-instruit soi-même !

CÉCILE. — C'est vrai, au moins, et je

n'y pensais pas. Oui, oui, tu as raison, mon frère. Comment deviner la métamorphose d'une princesse, je suppose, en demoiselle, quand on vous raconterait qu'elle a été d'abord *petit lion*, tu sais, et qu'elle s'est nourrie de pucerons!

AMÉDÉE. — Et la métamorphose de toute une *armée* en mouches à quatre ailes qui se battent en l'air encore mieux que sur terre, pendant un jour, et qui, le lendemain, n'ont plus d'ailes, et se font maçons.

CÉCILE. — Ah! qu'est-ce que c'est donc que cela?

AMÉDÉE. — Là! vois-tu, que toi-même tu ne te souviens pas des termes belliqueux!.... Oui, oui, il y aurait de quoi faire pour un auteur, et ensuite ce serait comme autant d'énigmes pour les lecteurs, à moins qu'on n'eût là, tout prêt, un savant pour vous en donner le mot.

Madame Derville. — Et encore c'est une question que de savoir si un savant daignerait chercher, dans ces folies de l'imagination, à reconnaître les métamorphoses qu'il a découvertes et suivies pendant de bien longues années, au prix de grands travaux.

Amédée. — Moi je n'aime que la vérité. Avec la vérité, on est certain de savoir le fond des choses, n'est-ce pas, mon père ?

M. Derville. — Je suis de ton avis, mon fils.

Amédée. — Et certainement la vérité, en fait d'histoire naturelle, est très-amusante, conviens-en, ma sœur !

Cécile. — Oh! pas toujours.

M. Derville. — Voyons, ma fille, dis-nous ce qui t'a ennuyée dans les entretiens que nous avons eus jusqu'à ce jour.

Cécile. — Mon père, est-ce en commençant par le commencement?

M. Derville. —Oui, par le commencement.

Cécile. — Ah! c'est difficile! Dis donc, Amédée, de quelles bêtes mon père nous a-t-il parlé d'abord?

Amédée. — Des plus grosses, de celles qui vont à quatre pattes.

Cécile. — Oui, de celles qui vont à quatre pattes, mais non pas des plus grosses, car l'éléphant est venu après le chien, le chat, le tigre, la vache...

Oh! cette petite vache américaine qui avait tant d'esprit, tu sais, mon frère? Tout cela m'a bien amusée.

M. Derville. — Et comment appelle-t-on, dans l'histoire naturelle, ces animaux dont je vous ai parlé en premier?

Cécile. — Des quadrupèdes.

Amédée. — Oui, ma sœur, mais ils ont un autre nom, un nom scientifique, parce qu'ils nourrissent leurs petits de lait....

Cécile. — Attends.... ah! des mammifères, mais non point parce qu'ils nourrissent leurs petits de lait, seulement parce qu'ils ont des mamelles.

Amédée. — C'est absolument la même chose, tu vois bien...

Cécile. — C'est bon, c'est bon, je

comprends. Après les mammifères sont venus les oiseaux. Oh! les oiseaux! cela m'a amusée d'un bout à l'autre.

M. DERVILLE. — L'un de vous pourra-t-il me dire combien d'ordres d'oiseaux renferme cette classe d'animaux?

— «Moi, moi! s'écrièrent ensemble le frère et la sœur.

M. DERVILLE. — Parlez chacun à votre tour. Amédée nomme les premiers ordres, toi Cécile, les derniers.

CÉCILE. — Je sais pourtant mieux les premiers que les derniers.

AMÉDÉE. — Eh! bien, ma sœur dis-les; je n'y tiens pas, car je les sais tous.

CÉCILE. — Ce sont d'abord les rapaces....

AMÉDÉE. — Diurnes et nocturnes, n'oublie pas!

CÉCILE. — Oui, les aigles, les vautours, les hiboux. Ensuite... les... les passereaux... c'est-à-dire... ah! je me souviens; ils sont tous voyageurs, ils *passent* d'un pays à l'autre pour chercher les insectes qui font leur nourriture.

AMÉDÉE. — Parmi eux il y en a de carnassiers, tu sais bien, comme la mésange à tête noire....

CÉCILE. — Ah! ne m'embrouille pas, Amédée!

AMÉDÉE. — Il faut pourtant dire qu'on les distingue surtout par la forme de leur bec.... nous avons pris des notes là-dessus.

CÉCILE—Je m'en souviens. Après !... après.... ah! les grimpeurs, comme les perroquets et les jolis colibris....

AMÉDÉE. — Tu te souviens qu'ils n'ont que quatre doigts, deux en avant, deux en arrière....

M. DERVILLE. — Bravo, Amédée !

CÉCILE. — Laisse-moi dire encore, mon frère... Non, je ne me souviens plus...

AMÉDÉE. — Comment ? la poule, le coq, le paon !...

CÉCILE. — Oui, mais le nom de l'ordre ?

AMÉDÉE. — Les galli....

CÉCILE. — Les gallinacés....

AMÉDÉE. — Ensuite les... échass....

CÉCILE. — Les échassiers.... C'est à cause de leurs longues jambes qu'on les nomme ainsi.... Ceux qui viennent

après, je sais bien que ce sont des oiseaux nageurs.... mais leur nom....

AMÉDÉE. — Tu ne te souviens pas
comment ils ont les pattes faites?

CÉCILE. — Si fait..... mais ces noms
de science!.... Il y a du palme.... Ah!
des palmipèdes. Ce sont les canards, les
oies, les cignes et une foule d'autres.

M. DERVILLE. — Allons, Cécile, courage! Quels sont les animaux qui viennent après les oiseaux?

CÉCILE. — Si je le savais, je le dirais
mais je n'en sais rien du tout. Dis, toi,
Amédée.

AMÉDÉE. — Ce sont les reptiles....

CÉCILE. — Ah! voilà que je m'en souviens! et je me rappelle aussi qu'il font
comme le *dernier anneau* de la chaîne
qui unit les animaux....,... ayant un

cœur et des poumons.... c'est-à-dire....
que je m'embrouille.

AMÉDÉE. — C'est-à-dire que ce sont
des vertébrés ainsi que les mammifères,
les oiseaux, les poissons; ils respirent
l'air aussi, mais leur respiration n'est
pas aussi parfaite; ce qui fait que leur
sang est froid.

CÉCILE. — Je ne comprends pas comment Amédée fait pour savoir tout cela
sur le bout du doigt!

MADAME DERVILLE. — Il fait ce que tu
ne fais pas, ma fille, il étudie. Je le
vois recourir à ses cahiers chaque soir
avant la veillée, tandis que toi tu ne
les ouvres même pas. »

Cécile devint fort rouge et baissa les
yeux.

M. DERVILLE. — Continue, Amédée.

Amédée. — Après les reptiles viennent les poissons.

M. Derville. — Comment respirent-ils?

Cécile. — Par les ouies, qui se composent de branchies. Il y a des choses dont je me souviens pourtant.

Amédée. — Ensuite viennent les coquillages... .. d'abord les mollusques nus.......

Cécile. — Ah! oui, le poulpe si vilain et la seiche, qui donne la sépia et l'encre de Chine.

Amédée. — Les mollusques testacés...

Cécile. — Oh! je me souviens bien des pinnes-marines, qui filent du bissus ont on fait des étoffes si brillantes.

Amédée. — Et après les mollusques testacés?

CÉCILE. — Ce sont les araignées. Les unes ont des poumons, les autres ont des trachées... Oh! je n'ai pas oublié tout absolument.

AMÉDÉE. — Il y a quelque *chose* pourtant, avant les araignées.

CÉCILE. — Quelque chose?... Quoi donc?

AMÉDÉE. — Les annélides, parmi lesquelles est la sangsue...

CÉCILE. — Ah! c'est vrai.

AMÉDÉE. — Après les annélides, viennent encore les crustacés, et enfin les araignées, tout-à-fait en dernier et avant les insectes.

CÉCILE. — Oh! pour les insectes, j'en suis folle! Rien n'est amusant comme leurs métamorphoses. Jusqu'aux cousins... Et les rhinaptères, tu sais, Amédée? L'autre jour j'ai dit à Marguerite de chercher les rhinaptères au chat... Elle m'a regardé avec une figure si étonnée que j'en ai ri de bon cœur.

AMÉDÉE. — Tu aurais dû lui expliquer, au moins, ce que ce mot veut dire.

CÉCILE. — Comme s'il était difficile de le deviner, surtout quand on montre aux gens l'animal dont il s'agit!

M. DERVILLE. — Et le dernier embranchement du règne animal, quel est-il, Cécile?

— «Comment, ma sœur, tu hésites! s'écria Amédée tout surpris. De quoi mon père vient-il de nous parler?

— «Que je suis donc étourdie! C'est celui des animaux-plantes ou zoophytes;

M. Derville. — D'après ce que j'ai dit, Amédée, qui écoute avec plus d'attention que sa sœur et qui prend des notes pour les relire, fera, je l'espère, l'observation, que les animaux singuliers que nous venons de passer en revue, ne méritent pas *tous* la dénomination de *zoophytes*; car *tous* absolument ne ressemblent pas à des plantes; le nom de *radiés* ou *radiaires* leur convient donc mieux. Mais une autre observation plus importante, et générale, doit résulter, pour vous, mes enfants, de cet aperçu des merveilles du règne animal; c'est que chaque être est *parfait* dans son espèce, puisque chacun a reçu en partage la dose d'intelligence, d'industrie et d'instinct nécessaire à sa conservation, s'il vit seul, à celle de tous, s'il vit en société, et que chacun possède, comme déjà je vous l'a dit

plus d'une fois, des armes pour l'atta-
que et pour la défense, des *outils* pour
filer, tisser, creuser la terre, le bois,
la pierre hors de l'eau et sous l'eau, et
que plus l'animal est petit, plus l'homme
trouve de raisons d'admirer la Toute-
puissance que l'ignorance le met seule
hors d'état de sentir et de comprendre.
S'instruire, c'est donc rendre à Dieu
un culte digne de lui, et c'est aussi s'assurer autant de bonheur qu'il est permis à l'homme d'en espérer ici-bas. Ne
le sentez-vous pas, mes enfants ?

— « Oh ! si, mon père ! s'écria Amédée les yeux brillants de joie. »

— « Toi seule, tu ne réponds pas,
ma fille ! dit madame Derville.

Cécile. — Maman... c'est que... l'é-
tude est difficile.

M. Derville. — Elle te paraîtra quelque jour douce et facile, et alors tu béniras tes parents de t'avoir appris à l'aimer. Mettez en ordre vos cahiers, mes enfants, puis apportez—les—moi. Nous verrons ensemble comment j'ai été compris, et la semaine prochaine nous essaierons de nous assurer si le règne végétal nous offrira quelques attraits.

Cécile. — Oh ! certainement, car j'aime tant les fleurs !

M. Derville. — Tu les aimeras davantage lorsque tu auras suivi les travaux de la germination, du développement des racines, des premières feuilles, de la tige, des boutons, des fleurs, des fruits, et là aussi tu trouveras de nouvelles occasions d'admirer la Toute-puissance du créateur ; elle se fait connaître jusque dans la vile poussière que

tu foules aux pieds. Avant quelques siècles, cette poussière, pressée, compri-
mée, travaillée par le temps, deviendra,
peut-être, l'une des pierres qu'on em-
ploiera à bâtir un palais. Car, mon
enfant, tout est beau au-dessus de nos
têtes, autour de nous, sous nos pieds;
tout est travail continuel; rien n'est
négligé, rien n'est inutile. Dans le sein
du globe, comme sur sa surface, la
force productive appelée *nature*, ne
demeure jamais dans l'inaction. Les
eaux souterraines, les feux souterrains,
les sources brûlantes de naphte et de
bitume, produisent les merveilles auxquelles l'homme a donné les noms d'or,
d'argent, de pierres précieuses, de mar-
bres, de diamants; au sein de la la
terre se forment aussi le fer, le cuivre,
la houille, et ainsi, partout, la bonté
de Dieu, sa grandeur se manifestent

d'une manière visible. A demain, mes enfants. Je vous le répétera sans cesse ; travaillez, étudiez, réfléchissez, éclairez votre intelligence, développez votre raison ; ce sera vous mettre en état d'offrir un hommage plus respectueux et plus digne au Créateur de l'univers. »

FIN.

13

FIN DE LA TABLE.

www.ingramcontent.com/pod-product-compliance
Lightning Source LLC
LaVergne TN
LVHW021658060726
842527LV00003B/947